AFB83845

HYGIENISCHE UND BIOLOGISCHE ABHANDLUNGEN

HYGIENISCHE UND BIOLOGISCHE ABHANDLUNGEN

UNTER BERÜCKSICHTIGUNG DER
PHYSIKOCHEMISCHEN, SEROLOGISCHEN UND BAKTERIOLOGISCHEN GRENZGEBIETE

HERMANN GRIESBACH

DR. MED. ET PHIL. ORDENTL. HONORARPROFESSOR FÜR HYGIENE
AN DER UNIVERSITÄT GIESSEN

ZUM SIEBZIGSTEN GEBURTSTAG
AM 9. APRIL 1925

GEWIDMET VON

FREUNDEN, KOLLEGEN UND SCHÜLERN

1 9 2 5

VERLAG VON ALFRED TÖPELMANN IN GIESSEN

ALLE RECHTE,
INSBESONDERE DAS RECHT DER ÜBERSETZUNG, VORBEHALTEN

DRUCK VON C. G. RÖDER G. M. B. H., LEIPZIG

HERMANN GRIESBACH

BEGRÜSSEN MIT HERZLICHEN GLÜCKWÜNSCHEN
ZU SEINEM SIEBZIGSTEN GEBURTSTAGE

AM 9. APRIL 1925

DIE UNTERZEICHNETEN FREUNDE, KOLLEGEN UND SCHÜLER

EMIL ABDERHALDEN, Halle
GUSTAV ALEXANDER, Wien
MAX AUERBACH, Karlsruhe
EMIL BAUR, Zürich
KARL BÜRKER, Gießen
GREGOR CHLOPIN, Leningrad
EDOUARD CLAPARÈDE, Genf
MAX GIESSWEIN, Berlin
EMIL GOTSCHLICH, Gießen
ROLF GRIESBACH, Homburg
OTTO HUNTEMÜLLER, Gießen
FRITZ JACOBY, Magdeburg
HEINZ KLIEWE, Gießen
FRANZ KOELSCH, München
HANS KOEPPE, Gießen
EMMANUEL LAMPADARIOS, Athen
HANNS ORTHNER, Linz
ALBERTO PERATONER, Rom
ERIKA POSS, Berlin
KARL ROLLER, Gießen
CONSTANTIN SAVAS, Athen
KARL SCHAEFER, Berlin
M. C. SCHUYTEN, Antwerpen
GUSTAV SEIFFERT, München
KARL SPIRO, Basel
ALFRED TÖPELMANN, Gießen
ALFONSO DI VESTEA, Pisa
EMIL WIELAND, Basel
H. ZWAARDEMAKER, Utrecht

UND IM AUFTRAGE DES UNGARISCHEN LANDESVEREINS
FÜR HYGIENE IN BUDAPEST:

ZSIGMOND V. GERLÓCZY und HENRIK SCHUSCHNY,
PRÄSIDENT GENERALSEKRETÄR

Inhaltsverzeichnis

Die Stellung und die Pflichten des Schularztes.

Von

Emil Abderhalden.

Ich hatte in den letzten sechs Jahren die Freude, rund 60000 deutsche Kinder nach der Schweiz entsenden zu können. In der überwiegend großen Anzahl der Fälle handelte es sich um Familien in der Schweiz, die sich bereit erklärten, ein sehr stark unterernährtes, im übrigen aber gesundes Kind unentgeltlich mindestens acht Wochen aufzunehmen. Ferner war die Möglichkeit vorhanden, skrofulöse Kinder in Heime zu verbringen und endlich eine Zeitlang auch tuberkulöse Kinder. In der Hauptsache kamen solche mit Bronchialtuberkulose in Betracht. Um die Auswahl der Kinder rein sachlich nach dem Gesundheitszustande zu gestalten, wandte ich mich mit wenig Ausnahmen an die Jugend- oder Wohlfahrtsämter der in Frage kommenden Gemeinden. Ich verlangte, daß ein beamteter Arzt den Gesundheitszustand des Kindes an Hand eines von mir aufgestellten Formulars begutachte. Dem Jugend- bzw. Wohlfahrtsamt verblieb dann die Aufgabe, die übrige Eignung der nach der Schweiz bestimmten Kinder zu prüfen, d. h. festzustellen, ob die Kinder sittlich einwandfrei waren, und ferner, ob eine wirkliche Bedürftigkeit in sozialer Hinsicht vorlag. Endlich legte ich großen Wert darauf, nur intelligente Kinder nach der Schweiz zu verschicken.

Bei dieser umfangreichen Arbeit sind eine ganze Anzahl von Erfahrungen gemacht worden, die mir immer erneut zum Bewußtsein gebracht haben, daß der beamtete Arzt und insbesondere der Schularzt im Gemeindewesen nicht die Stellung einnimmt, die ihm eigentlich zukommt. In einer großen Anzahl von Fällen verblieb dem Schularzt nur die Möglichkeit, Kinder, die ihm als für die Versendung in die Schweiz geeignet bezeichnet waren, zu untersuchen. So kam es nicht gar selten vor, daß das ärztliche Zeugnis bescheinigte, daß das sehr „bedürftige" Kind sehr gut ernährt und allgemein in einem sehr guten Zustand war! Derartige Fälle zeigen, daß der beamtete Arzt bei der Auswahl der Kinder nicht die Entscheidung hatte, vielmehr wurde er nur hinzugezogen, damit die ärztlichen Zeugnisse ausgefüllt werden konnten.

Schon bei der Durchführung der Quäkerspeisung kam zum Vorschein, daß vielfach der Schularzt nicht die Freiheit und Autorität hatte, die unbedingt notwendig ist, soll er in breitester Öffentlichkeit sein Amt wirkungsvoll durchführen können. Meine reichen Erfahrungen, die sich über ganz Deutschland erstrecken, haben mir gezeigt, daß es unbedingt notwendig ist, daß der beamtete Arzt vollständig unabhängig dasteht. Er muß in der Regel frei von jeder Privatpraxis sein. Es bleibt allerdings dabei ein Problem für sich, wie er die Fühlung mit den therapeutischen Fortschritten aufrechterhalten kann. Der beamtete Arzt muß ein in jeder Hinsicht unabhängiger Führer in der Volkshygiene sein. Ich bin überzeugt, daß dann, wenn die Schulärzte in ihrer ganzen Tätigkeit mehr hervortreten könnten, die überhandnehmende Laienmedizin in allen ihren Formen an Boden verlieren würde. Der unabhängige beamtete Arzt wird in allen wichtigen hygienischen Fragen, wie Bekämpfung des Alkoholismus, des Nikotinmißbrauches (es sei auf das immer mehr zunehmende Rauchen bei der Jugend verwiesen), der Tuberkulose, der Geschlechtskrankheiten usw. eine entscheidende Stellung einnehmen. Er wird nicht nur in der Theorie, sondern in der Praxis in schärfster Form zum Ausdruck bringen, daß Vorbeugen wichtiger und billiger ist als Schäden heilen. Er muß in seiner Stellung gegenüber dem Magistrat und den Stadtverordneten gefestigt sein.

Die Arbeitsfreudigkeit des beamteten Arztes, der ja eine ungewöhnlich exponierte und verantwortungsvolle Stellung hat, die mit ganz außerordentlich viel Taktgefühl ausgefüllt werden muß, wird wesentlich steigen, wenn ihm die Möglichkeit gegeben wird, nicht nur Schäden festzustellen, sondern auch diese zu beseitigen und noch besser, sie zu verhindern. Je nach der Größe der in Frage kommenden Gemeinde wird der Schularzt neben der Untersuchung der Schulkinder auch führend in der Wohnungshygiene usw. sein. In größeren Städten empfiehlt sich vielleicht, wenigstens zum Teil, eine Verteilung der einzelnen Gebiete auf bestimmte Ärzte. Von größtem Vorteil wäre freilich, wenn der Schularzt nicht nur die Kinder in der Schule sehen würde, vielmehr Gelegenheit hätte, das ganze Milieu, in dem sie aufwachsen, kennenzulernen.

Die Erfahrungen, die ich bei der Versendung von Kindern nach der Schweiz machen konnte, haben mir in klarer Weise gezeigt, daß zahlreiche Ergebnisse gewonnen werden, die der einzelne deshalb nicht auswerten kann, weil ihm dazu die Möglichkeit fehlt. So zeigte es sich z. B., daß für Kinder eine Erholungszeit von vier Wochen ganz unzureichend ist. Eine genaue Verfolgung des Körpergewichtes, des Verhaltens der Blutbeschaffenheit usw. zeigte, daß erst in der dritten bis vierten Woche der Erfolg eines Landaufenthaltes einsetzt. Die Gewichtskurve ging dann ganz steil empor. Gewichtszunahmen von 3—5 kg waren die Regel. Es zeigte sich, daß ein achtwöchiger Aufenthalt im allgemeinen ausreicht, um den erzielten Erfolg zu festigen. Derartige Erfahrungen müßten ausgenützt werden, um die Erholungszeit abzugrenzen.

Zum Schlusse möchte ich dem Wunsche Ausdruck geben, daß der beamtete Arzt maßgebenden Einfluß auf das Turnen und den Sport erhält. Auch müßte in seiner Hand die Ausgestaltung von Licht-, Luft- und Wasserbädern vereinigt sein. Es ist außerordentlich bedauerlich, daß der Arzt nicht an der Spitze aller dieser für die Volksgesundheit so wichtigen Angelegenheiten steht.

Paradoxe klinische Befunde in der Ohrenheilkunde.

Von

Gustav Alexander.

Mitunter bietet die Untersuchung Ohrenkranker Befunde, die mit dem Rüstzeug unseres Wissens nicht erklärt werden können, oder sogar diesem und der Regel widerstreiten. Ich bin mir bewußt, daß ich nicht der einzige bin, der solche Dinge gesehen hat, wohl aber ist bisher kein Versuch unternommen worden, solche Beobachtungen systematisch zusammenzustellen. Ich habe dies getan in der Absicht, andere zur Mitteilung ihres Materials anzuregen.

Wir sind gewohnt, ein Krankheitsbild als erschöpfend dargestellt anzusehen, wenn uns außer den klinischen Erscheinungen die der Erkrankung zugrunde liegenden anatomischen Veränderungen bekannt geworden sind. Mit dieser Kenntnis ausgestattet, sind wir imstande, zu diagnostizieren und Therapie und Prognose zu bestimmen. Die klinische Ohrdiagnose stützt sich dabei wesentlich auf die otoskopische Untersuchung und die Funktionsprüfung. Bei manchen Erkrankungen gibt uns das otoskopische Bild eine richtige Anschauung vom Grade der Funktionsstörung, so vor allem bei den akut entzündlichen Erkrankungen des Mittelohrs und bei den akuten, mit Exsudatbildung einhergehenden Mittelohrkatarrhen. Bei vielen Erkrankungen läßt sich jedoch aus den otoskopischen Veränderungen in keiner Weise ableiten, welche Rolle diese bei der Hörstörung spielen, ja ob überhaupt eine solche besteht. Die klinische Prävalenz der Otoskopie bringt es mit sich, daß der Untersucher stets geneigt sein wird, die Schwerhörigkeit des Falles mit den otoskopisch gesehenen Veränderungen zu erklären. Dies ist beispielsweise bei der akuten Otitis media bis zu einem gewissen Grad auch tatsächlich möglich. Die Methode versagt jedoch schon bei der chronischen Mittelohreiterung, bei welcher die Hörschärfe sehr von der sekundären Atrophie des inneren Ohres abhängt, und versagt auch bei den katarrhalischen Krankheiten sowie bei allen Krankheiten, die ohne, oder ohne wesentliche otoskopisch wahrnehmbare Veränderungen einhergehen: Bei der Otosklerose und bei den Innenohrerkrankungen. Unter den letzteren gehören vor allem hierher alle nervösen Affektionen, die Traumen und die von vasomotorischen Einflüssen sich ableitenden Krankheiten.

Unter diesen Umständen bleibt die Bedeutung umschriebener Veränderungen am Trommelfell (Trübung, Opazität, Mattheit, Einziehung, Kalkablagerung, Atrophie) durchaus fraglich. Sie können ebensosehr die Begleiterscheinung einer tatsächlich bestehenden Mittelohraffektion darstellen als auch Überbleibsel einer längst abgelaufenen und gelegentlich ohne jede Schädigung der Hörschärfe zur Heilung gelangten Mittelohrerkrankung sein. So bleibt nach vollständiger Heilung einer Otitis media im Kindesalter das Trommelfell oft monatelang matt und glanzlos bei normaler Hörschärfe. Adenoide Vegetationen führen zur Einziehung des Trommelfells infolge von durch die Adenoiden erzeugten Störungen der Tubenfunktion (durch katarrhalische Schwellung der Tubenschleimhaut). Aber selbst einige Jahre nach Entfernung der Adenoide und längst erfolgter Rückbildung der Tubenveränderungen kann die Retraktion des Trommelfells noch anhalten. Das gleiche gilt für die übrigen, oben erwähnten Trommelfellveränderungen, die nicht selten symptomlos, d. h. an einem vorzüglich funktionierenden Ohr gefunden werden und aus welchen allein somit eine bestehende Schwerhörigkeit nicht erklärt werden kann. Eine solche ist vielmehr nur auf dem Wege von direkten Untersuchungsmethoden zu begründen, die uns über den Zustand der otoskopisch nicht sichtbaren Anteile des Mittelohrs Aufschluß geben (Sieglescher Trichter, Luftdusche, Tubenkatheter), und mit der akustischen Funktionsprüfung.

Bei der Funktionsprüfung bietet die Kopfknochenleitung mitunter ein paradoxes Verhalten, wodurch die Regel, daß die Kopfknochenleitung bei Erkrankung des schalleitenden Apparates verlängert, durch Innenohraffektionen verkürzt wird, durchbrochen wird. So sieht man keineswegs selten bei eitriger Mastoiditis eine Verkürzung für c_1 am Warzenfortsatz der erkrankten Seite und eine negative Uhr trotz Fehlens von Innenohrveränderungen. Ich habe versucht, diese Tatsachen mit dem Bestand des periostalen Ödems zu erklären. Bei manchen Innenohraffektionen, so vor allem bei den erst in letzter Zeit genauer bekannt gewordenen vasomotorischen Störungen kann trotz sonstiger Erscheinungen von seiten des inneren Ohrs gerade die Kopfknochenleitung normal bleiben. Aber auch der gegenteilig abnorme Befund kommt vor. Bei ausgesprochener und vorgeschrittener Innenohraffektion mit typischen Anfällen von Labyrinthschwindel und Verkürzung der Kopfknochenleitung quantitatives und qualitatives Normalhören für hohe Töne bis zur normalen oberen Tongrenze (Brunner, M. f. O. 1923). Ein solches Verhalten ist bis zu einem gewissen Grade mit der Tatsache zu erklären, daß in diesen Fällen die basalen Anteile des Cortischen Organs normal geblieben sind und die Erkrankung auf die Schneckenspitze beschränkt ist, um so mehr als Brunner in jüngster Zeit experimentell und klinisch nachweisen konnte, daß bei den Traumen (und das gleiche gilt sicher auch für die vasomotorischen Störungen: Kobrak, Handb. d. Neur. d. Ohres 1925) die Schneckenspitze eine besonders gefährdete Gegend darstellt. Im übrigen spricht meines Erachtens eine der Regel entgegengesetzte Divergenz zwischen Kopfknochenleitung und oberer Tongrenze bei Innenohraffektionen und nicht traumatischen Fällen mehr für das primäre Ergriffensein des Nervus cochlearis. Es kann eine starke Herabsetzung der hohen Töne bestehen bei normaler oder sogar verlängerter Kopfknochenleitung und umgekehrt verkürzte Kopfknochenleitung bei guter oberer Tongrenze.

Anderseits kommen leichtgradige Innenohraffektionen vor (mit Herabsetzung der oberen Tongrenze und charakteristischen subjektiven Geräuschen) mit für Töne und Geräusche (Uhr) normaler Kopfknochenleitung. Bei einseitigen hochgradigen Innenohraffektionen sind solche Erscheinungen natürlich auf Täuschungen zurückzuführen, beruhend auf dem Mithören des anderen gesunden Ohres. Dies kann so weit gehen, daß selbst bei einseitiger Taubheit, die durch andere Methoden einwandfrei festgestellt worden ist, die Uhr am Warzenfortsatz der tauben Seite perzipiert wird. So beobachtete ich in jüngster Zeit eine 39jährige Frau mit linksseitiger, wahrscheinlich seit Jahrzehnten bestehender, durch Mumps verursachter Taubheit. Die Patientin selbst hat ihre Taubheit erst vor wenigen Wochen entdeckt anläßlich der Erneuerung ihres Telephonapparates, der im Gegensatz zu den alten Apparaten, die Doppelhörer enthielten, nur einen Hörer haben. Sie bemerkte plötzlich, daß sie, wenn sie den Hörer links anlegt, im Telephon nichts hört. Die eingehende Untersuchung erwies das linke Ohr als taub. Die Stoppuhr wurde aber vom linken Warzenfortsatz klar perzipiert.

Ganz auffallend ist bei sonst intelligenten und nicht unmusikalischen Menschen, die mitunter, besonders bei Neurotikern, aber auch an Normalen, beobachtete vollkommene Unmöglichkeit, bei der Perzeption der auf den Warzenfortsatz aufgesetzten Stimmgabel zwischen Gehör und Gefühl zu unterscheiden. Zu erklären ist dies wohl nur daraus, daß bei diesen Kranken die Aufmerksamkeit für diese Differenzierung ursprünglich nicht vorhanden ist und infolge von psychischen Hemmungen (Betroffenheit, Angst, Aufgeregtheit) auch nicht geweckt werden kann.

Das Verhalten der Luftleitung für Töne zeigt oft Abnormitäten. Auch von Leuten, die nach ihren eigenen Aussagen musikalisch nicht unbefähigt sind, wird bei bestehender Mittelohrerkrankung c_4 ein exquisit hoher Ton, mitunter ausdrücklich und bei wiederholter Prüfung als tiefer Ton bezeichnet. Bei Innenohraffektionen ist die Unterscheidung bei weit voneinander entfernten Tönen oft unsicher, erschwert oder unrichtig, in der Form, daß selbst bei wiederholter Vergleichsprüfung der höhere als der tiefere Ton bezeichnet wird. Solche Fehlurteile treten dagegen nicht auf bei Vergleichsprüfungen mit einander sehr nahe liegenden Tönen bis zu Vierteltönen. Hier bleibt, wie Brunner und Schnierer (Passow-Schäfer B. 18, 1922) festgestellt haben, auffallenderweise selbst bei sehr hohen Graden von Schwerhörigkeit, durch die die spontane Sprachentwicklung gehemmt wird, d. h. bei Taubstummen mit Hörresten, die Tonunterschiedsempfindlichkeit für Töne im Bereiche des Hörrestes normal. Eine für den Kranken bedeutungsvolle, klinisch bisher meist unbeachtete Erscheinung bietet sich bezüglich der Hörfähigkeit Radikaloperierter, die aus der Lufthaltigkeit der Operationshöhle und durch die eventuell vorhandene retroaurikulare Öffnung sehr günstig beeinflußt wird. Fast typisch läßt sich der objektive Nachweis führen, daß ein geheilter Radikaloperierter mit offener Retroaurikularfistel besser hört, als wenn diese Öffnung mit einem Wattepfropf verschlossen ist. Die gleiche Ursache (besserer Zutritt der Schallwellen zur Fenstergegend) bietet auch die Erklärung für die Besserung der Hörschärfe bei kongenitaler Atresie nach Antrotomie.

Ein vielleicht aus psychischen Ursachen erklärbares auffallendes Phänomen ist die Divergenz zwischen der klinisch feststellbaren Hörschärfe und den anatomischen Veränderungen. So finden sich bei einer Reihe von katarrhalischen Erkrankungen, bei manchen Innenohraffektionen, vor allem aber bei den Knochenherden der Otosklerose in auffallender Mehrzahl symmetrische anatomische Veränderungen, während der nach der Hörfähigkeit gemessene klinische Grad der Erkrankung meist bilateral verschieden ist. Bei den katarrhalischen Erkrankungen und bei manchen Eiterungen (bes. bei symmetrischen Attikeiterungen) läßt sich dies aus der Tubenfunktion erklären. Bei im übrigen seitengleichen Veränderungen der Mittelohren kann die Arbeit der einen Tube normal erfolgen, die Funktion der anderen dagegen beeinträchtigt sein, womit die Ventilation der zugehörigen Trommelhöhle vermindert und die höhere Schwerhörigkeit dieser Seite erklärt ist. In anderen Fällen mag die Bindegewebsneubildung zwar grob-anatomisch symmetrisch sein, aber es kann im Bereich der Gehörknochenkette und der Fenstergegend der einen Seite ein zellreiches und nachgiebiges, auf der anderen dagegen sich ein zellarmes sklerotisches starres Bindegewebe angesiedelt haben. Die bilaterale Verschiedenheit der Hörschärfe bei bilateral symmetrischen Veränderungen des Cortischen Organs muß mit dem Zustand des Nervus cochlearis und seines peripheren Ganglions erklärt werden, die auf einer Seite mehr verändert sind als auf der anderen. Bei beiderseitiger Otosklerose, bei welcher die Knochenherde fast stets symmetrisch entwickelt sind, ist in der überwiegenden Mehrzahl der Fälle die Hörschärfe der beiden Seiten voneinander verschieden. Ich möchte diese Tatsache auf das Verhalten des membranösen Innenohres zurückführen, an welchem sich bei der Untersuchung mit verläßlichen und genauen Methoden histologisch bilateral asymmetrische Veränderungen nachweisen lassen.

Im übrigen neigt jeder Ohrkranke auch bei bilateral gleicher Hörschärfe dazu, ein Ohr als das bessere zu bezeichnen und es demgemäß in der Alltagsarbeit als das verläßlichere anzusehen. Findet man doch auch bei Ohrgesunden, daß sie nicht selten bei gewissen akustischen Verrichtungen stets dasselbe Ohr verwenden (Rechtshänder das rechte, Linkshänder das linke Ohr), wobei schließlich die Angewöhnung dazu führt, daß, obwohl beide Ohren bei genauer Funktionsprüfung sich normal erweisen, das eine als besonders scharfhörig angegeben wird. Dabei spielt wohl auch die verschiedene physiologische Valenz der beiden Großhirnhemisphären eine Rolle. Ebendahin gehört auch die Tatsache, daß bei einseitigem Zeruminalpfropf an einem sonst normalen Ohr noch längere Zeit nach der Entfernung des Pfropfes die Hörschärfe der beiden Ohren subjektiv nicht übereinstimmend empfunden wird, und zwar kommt es ebenso vor, daß durch einige Zeit das Ohr, in welchem der Zeruminalpfropf sich befunden hat, als besser, als auch, daß es als schlechter bezeichnet wird als das andere. Auch wird nicht selten nach idealem Ablauf einer Otitis externa oder media zu einer Zeit, zu welcher die Hörprüfung des erkrankt gewesenen Ohres bereits vollständig normale Werte ergibt, das erkrankt gewesene Ohr im Alltag als schlechter funktionierend empfunden als das andere.

Bei den Asymmetrien nach abgelaufenen Mittelohrerkrankungen ist im übrigen auch den Mittelohrmuskeln mehr Aufmerksamkeit zu widmen als bisher, vor allem Schädigungen des Musculus tensor tympani. Auf sie kann außerdem auch eine im übrigen nicht erklärbare Persistenz der Einziehung des Trommelfells bezogen werden.

Merkwürdig ist, daß bei den meisten chronischen Ohrerkrankungen in einem bestimmten Stadium der Erkrankung die Hörschärfe akut, mitunter apoplektiform sinkt. Dies gilt in gleicher Weise für chronische Eiterungen ohne komplikatorische Ausdehnung der Eiterung auf die Umgebung (bei Übergreifen des Eiterungsprozesses auf das innere Ohr ist ja das akute Sinken der Hörschärfe bzw. die akute Ertaubung nur selbstverständlich), für chronische Adhäsivprozesse und für die Otosklerose. Gewiß können äußere Ereignisse und interkurrente Erkrankungen eine Rolle spielen, werden auch als derartige Ursachen von den Kranken fast ausnahmslos angegeben, trotzdem bleiben aber Fälle übrig, in welchen man in klassischer Deutlichkeit das plötzliche Absinken der Hörschärfe feststellen kann, ohne Auffindung irgendeines äußeren ätiologischen Moments. Man geht nicht zu weit in der Annahme, daß jeder chronische Fall von einer derartigen akuten spontanen Verschlechterung bedroht ist. Ein solches Ereignis ist auch bei manchen Innenohrerkrankungen zu beobachten. Wird der Kranke in diesem Stadium seines Leidens ärztlich behandelt, so bekommt er den durchaus unberechtigten Eindruck, daß er durch die Behandlung geschädigt worden ist, während tatsächlich eine spontane Verschlechterung vorliegt. Hier sei übrigens auch noch der Möglichkeit gedacht, daß durch physikalische Mittelohrbehandlung in Form von Luftdusche und Katheterismus vorübergehend die Hörschärfe vermindert wird, offenbar durch ein maximales Auswärtstreiben des Trommelfells mit Streckung und hierdurch erfolgte Immobilisierung der Gehörknochenkette. Die Richtigkeit dieser Erklärung ergibt sich aus der Tatsache, daß diese Verschlechterung sofort behoben werden kann, wenn durch leichte Pneumomassage vom äußeren Gehörgang aus (mit dem Siegleschen Trichter oder einem Massageinstrument) Trommelfell und Gehörknochenkette wieder in die Normalstellung übergeführt worden sind.

Sehr auffallend sind akute, objektiv nachweisbare Besserungen der Hörschärfe bei chronischen Ohrerkrankungen. Subjektiv werden selbstverständlich oft Besserungen empfunden und angegeben. Es besteht kein Fall von chronischer hochgradiger Schwerhörigkeit, der nicht mitteilt, zu Zeiten besser zu hören. Sogar Taubstumme mit vollkommen irreparablen, längst abgeschlossenen pathologischen Veränderungen im inneren Ohr kommen mitunter mit der Mitteilung, in der letzten Zeit besser zu hören. Solche Angaben beruhen auf Autosuggestion, und in Wirklichkeit ist eine Besserung nicht zu verzeichnen. Doch finden sich tatsächlich alte chronische Adhäsivprozesse nach Eiterungen, bei welchen unter Umständen sogar regelmäßig ein- bis zweimal im Jahr spontan ein ganz erstaunliches Aufwärtsgehen der Hörschärfe festgestellt werden kann. So kenne ich seit 20 Jahren einen derzeit 68jährigen Mann, der infolge von beiderseitiger chronisch-adhäsiver Mittelohrentzündung nach Eiterung im Kindesalter dauernd eine beiderseitige Hörschärfe von etwa 1 m Umgangssprache besitzt. Ein- bis zweimal im Jahr fühlt er eine Hitze im Ohr, mitunter stellt sich Abgang einiger Tropfen blutigen Serums ein (gelegentlich einer solchen Attacke konnte ich mich selbst von der bestehenden Hyperämie (Durchfeuchtung) des Mittelohrs und dem Abgang hämorrhagischer Flüssigkeit überzeugen), die Hörschärfe beträgt in diesem Zustand auf dem besseren Ohr 6 m akzentuierte Flüstersprache. In diesem Stadium, das 1 bis 2 Wochen anhält, hört Pat. vorzüglich in Gesellschaft und im Theater. Dann stellt sich rasch der alte Zustand wieder her.

Paradox ist, daß in der großen Anzahl der Fälle subjektive Ohrgeräusche als Symptom erst von der Pubertät an auftreten, auch wenn die Ohrerkrankung selber von Jugend auf die Voraussetzungen für solche Geräusche geboten hat und neuerliche anatomische Veränderungen nicht angenommen werden können. Hierher gehört die Tatsache, daß seitens der taubstummen Zöglinge in der Anstalt, d. h. im großen und ganzen vor der Zeit der Pubertät Angaben über subjektive Ohrgeräusche nur ausnahmsweise erfolgen, während die Majorität der erwachsenen Taubstummen auch bei vollständiger Taubheit subjektive Ohrgeräusche zu haben angibt. Die Ursache hierfür sehe ich in der vielleicht durch das Berufsleben geweckten Aufmerksamkeit für die Geräusche und in vasomotorischen Einflüssen im Bereich des sonst nicht funktionsfähigen atrophischen Cochlearapparates.

Auch schwere Veränderungen bei otogenen Komplikationen können längere Zeit symptomlos bleiben oder bei weitem nicht den Grad der Symptome erreichen, den wir zu sehen gewohnt sind. So beobachtete ich eine 32jährige Frau, die mit einer auf fast 15 cm Länge entwickelten, über die Mitte auf die andere Schädelseite nach aufwärts und in die Jugularis nach abwärts reichenden Trombose zu ambulatorischer Behandlung kam. In einem Fall von otogener Meningoenzephalitis (Diplococcus lanceolatus), bei welchem die sofort (3 Uhr N. M.) vorgenommene Operation und Lumbalpunktion rein eitrigen Liquor entleerte, ergab die Anamnese, daß die Kranke in der letzten Nacht in ihrer Wohnung Gesellschaft gegeben hat, bei welcher sie bis 2 Uhr nachts in fröhlicher, fast übermütiger Stimmung verblieb. Sie ging dann zu Bett, erbrach um 4 Uhr früh und verfiel eine Stunde später in Bewußtlosigkeit.

Von paradoxen Befunden sei noch erwähnt typischer hochgradiger Labyrinthschwindel bei normalem, anatomischem Innenohrbefund und chronischem Adhäsivprozess des Mittelohrs (Brunner, M. f. O. 1293, 24).

Das Gebiet der Parakusis Willisii sei nur gestreift, und die interessante, von Politzer (Lehrbuch, 1908) erwähnte Tatsache, daß Kranke mit katarrhalischen Mittelohraffektionen und mitunter auch Otosklerose unter dem Aufsetzen einer tönenden tiefen Gabel auf den Scheitel objektiv besser hören. Überraschend sind die mannigfachen merkwürdigen Befunde, die sich aus der Hyperästhesia acustica ergeben, in welches Gebiet auch das Farbenhören gehört, das von V. Urbantschitsch eingehend untersucht worden ist. Darüber wird an anderem Ort berichtet werden.

Die paradoxe Cochlearisreaktion besteht im Auftreten einer subjektiven Gehörsempfindung auf der galvanisch nicht gereizten Ohrseite bei Kathode am Tragus und Stromschluß, typisch auftretend am erkrankten, nicht immer auslösbar am gesunden Nervus cochlearis.

Bezüglich der Merkwürdigkeiten in der Schallokalisation wird auf die Arbeiten von Allers und Bénesi (Zeitschr. f. d. g. Neur. u. Psych. 1922) und Kreidl und Gatscher (Handb. d. Neur. d. Ohres 1924) verwiesen.

Zu den paradoxen Reaktionen im Bereiche des Labyrinthes gehört das sog. Fistelsymptom ohne Fistel, d. h. ein gewöhnlich nur zeitweise durch Kompression und Aspiration auslösbarer Nystagmus, der sich vom wirklichen Fistelnystagmus allerdings durch seine Kleinschlägigkeit unterscheidet. Auf ihn haben Lassalle und ich (Wien. klin. Rundsch. 1908) auf Grund von Beobachtungen an Radikaloperierten und anderen Ohrenkranken, bei welchen die Kontinuität der Gehörknochenkette unterbrochen ist und demzufolge der Stapes eine gegenüber der Norm vergrößerte Beweglichkeit besitzt und bei welchen außerdem infolge von Trommelfelldefekt auch die Membran des Schneckenfensters experimentellen Druckänderungen freier zugänglich ist, als erste aufmerksam gemacht, später haben Hennebert und ich von ihm unabhängig einen mit dem echten Fistelnystagmus vollkommen übereinstimmenden, mechanisch auslösbaren Nystagmus bei Heredolues ohne irgendwelche eitrige Ohrveränderungen gefunden. Dieser gleichfalls nur zeitweise auslösbare Nystagmus findet seine Begründung in einer abgelaufenen luetischen Meningoenzephalitis, durch welche die labyrinthäre Reizschwelle im Bereich der Peripherie oder im Bereich der zentralen Kerne verändert worden ist.

Als paradoxe Erscheinung ist auch der mitunter bei physikalischer Mittelohrbehandlung (Luftdusche, Katheter, Massage) anfallsweise auftretende, heftige, grobschlägige Nystagmus und Schwindel bei exsudativen Katarrhen und chronischen Adhäsivprozessen des Mittelohrs (Ruttin, M. f. O. 1924) anzusehen. Dieses Phänomen ist unter der Annahme, daß kalte Luft ins Mittelohr gelangt ist, aus einem thermischen Labyrinthreiz zu erklären, für die Fälle von exsudativen Katarrhen besser als mechanisch ausgelöster labyrinthärer Nystagmus, da beim Katheterisieren in die Masse des Exsudates sich der Druck unvermindert bis in die Labyrinthfenster fortpflanzt (Ruttin) oder als reflektorischer Nystagmus, ausgelöst durch Trigeminusreizung in der Nase beim Einführen des Katheters (Brunner). Brunner stützt seine

Annahme auf die Tatsache, daß am Kaninchen experimentell durch Trigeminusreizung in der Nase labyrinthärer Nystagmus erzeugt werden kann (Högyes, Cyon, de Kleijn), und daß an Menschen, die zu Nystagmusanfällen unter dem Katheterisieren leiden, die Anfälle durch Anästhesierung der Nasenschleimhaut gemildert oder aufgehoben werden können.

Weiter sei der vaskulär durch Druck auf die Jugularis auslösbare Nystagmus (Mygind, Borries, Bárány) bei chronischen Eiterungen und bei Ohrlues erwähnt. Er kommt wahrscheinlich auf dem Wege plötzlicher Änderungen der Blutabfuhr und weiterhin der gesamten Saftströmung im Bereich des inneren Ohrs zustande, wobei noch von Bedeutung sein kann, daß bei Druck auf die Jugularis auch der Halssympathikus gereizt wird und hierdurch die Vasomotoren der Blutgefäße des inneren Ohrs in einen akuten Erregungszustand gelangen.

Endlich ist der paradoxe kalorische Nystagmus, bestehend in Kaltwasser-Nystagmus zur ausgespritzten Seite, zu nennen.

(Aus dem Institut für physikalische Chemie an der Eidg. Techn. Hochschule Zürich. Vorstand: Prof. Dr. E. Baur)

Über Zinkoxyd als optischer Sensibilator.

Von

Emil Baur.

Wenn ein lichtabsorbierender Stoff dadurch, daß er absorbiert, chemische Lichtwirkungen hervorruft, ohne selbst dauernd verändert zu werden, so bezeichnen wir ihn als optischen Sensibilator. Das bekannteste Beispiel liefert das Blattgrün, unter dessen Wirkung die Assimilation der Kohlensäure steht. Fast ebenso bekannt ist die Sensibilierung der Haloide des Silbers durch zahlreiche Farbstoffe, worauf H. W. Vogel (1873) die Photographie mit der orthochromatischen Platte gründete. Seither sind zahlreiche andere Fälle von optischer Sensibilierung bekannt geworden. Von biologischem und wohl auch von medizinischem Belang ist die von H. von Tappeiner ausführlich untersuchte sog. „photodynamische Erscheinung"[1]), darin bestehend, daß geeignete fluoreszierende Farbstoffe im Licht und bei Gegenwart von Sauerstoff Infusorien und auch höhere Tiere zu schädigen und abzutöten vermögen.

Die Wirkungsweise des optischen Sensibilators blieb lange ganz unverständlich. Noch 1899 durfte Wilh. Ostwald in der dritten Auflage seines Grundrisses der allgemeinen Chemie[2]) sagen: „Es läßt sich nicht absehen, wieso die Absorption durch den beigemischten Farbstoff das aufgenommene Licht zu seiner Wirkung auf das Bromsilber befähigen soll." Erst die Quantentheorie brachte den Fortschritt. Heute können wir umgekehrt sagen, daß gerade die optische Sensibilierung den klarsten Fall chemischer Lichtwirkungen darbietet. Durch Absorption eines Lichtquantes geht das Molekül über in ein sehr energiereiches, sehr kurzlebiges Isomeres, den sog. Bohrschen Zustand. Dieses Isomere

[1]) Ergebnisse d. Physiol. 8, 698—741 (1909). — Auch L. Pincussen, Biolog. Lichtwirkungen und ihre physikal.-chem. Grundlagen. Ergebnisse d. Physiol. 19, 78—289 (1921). — H. v. Tappeiner, Methoden beim Arbeiten mit sensibilierenden fluoreszierenden Stoffen. Handbuch der biolog. Arbeitsmethoden. Lfg. 98, S. 1071—1082 (1923); Herm. Pfeiffer, Der Nachweis photodynamischer Wirkung fluoreszierender Stoffe am lebenden Warmblüter. Ebd. Lfg. 98, S. 1083—1102 (1923).

[2]) Leipzig 1899. S. 502.

wird nun entweder zerfallen, oder als „aktive“ Modifikation mit einem Partner reagieren, oder seine Energie ganz an andere Moleküle abgeben. Der letzte Fall ist die optische Sensibilierung.

Ein Verständnis für die Art dieser Energie-Übertragung wurde durch eine Reihe von Arbeiten aus dem hiesigen Institut angebahnt, welche der Potentialänderung im Licht, dem sog. Becquerel-Effekt, galten[1]). Man mußte folgern, daß die bewirkenden Stoffe, unter denen sich wieder die fluoreszierenden Farbstoffe auszeichnen, eine Art verborgene Wasserphotolyse ausführen, und es war zu denken, daß das Molekül im Bohrschen Zustand gleichsam einen positiven und einen negativen Pol besitzt, mit denen es eine molekulare Elektrolyse verursachen kann. Das Zeichen $E^{\oplus}_{\ominus}$ (E ist der Lichtempfänger, z. B. Eosin) mag diesen Zustand „photochemischer Polarisation“ darstellen, und die Gleichung

$$E\begin{matrix}\oplus + OH' = {}^1/_4\,O_2 + {}^1/_2\,H_2O \\ \ominus + H^{\cdot} = {}^1/_2\,H_2\end{matrix}$$

soll die molekulare Elektrolyse im Licht (hier die sensibilierte Photolyse des Wassers) zum Ausdruck bringen. Da für absorbierte Quanten sichtbaren Lichtes die Potentialdifferenz schon recht groß ist (über 2 Volt), so kann aktiver Sauerstoff in irgendeiner Form an der Anode entstehen[2]).

Gerade dieses haben wir wohl bei dem photodynamischen Effekt. Während die Kathode durch den Luftsauerstoff depolarisiert wird, erleidet das exponierte tierische Gewebe die zerstörende Einwirkung des anodisch vom Sensibilator gelieferten aktiven (Peroxyd-ähnlichen) Sauerstoffs.

Nun ist vor einiger Zeit durch Mitteilungen von Eibner und Gerstacker[3]) aus der Versuchsanstalt für Maltechnik in München bekannt geworden, daß Zinkoxyd, welches in der Aquarellmalerei durchgängig als weiße Farbe verwendet wird, eine Anzahl sonst ganz beständiger Pigmente verdirbt, wenn es mit diesen gemischt einer starken Belichtung ausgesetzt wird. Chr. Winther[4]) hat alsdann gezeigt, daß das Zinkoxyd ein wirksamer optischer Sensibilator ist. Zinkoxyd absorbiert an der Grenze des Violett und im nahen Ultraviolett, es fluoresziert, es gibt den Becquerel-Effekt, und es bringt im Licht zahlreiche Oxydations-Reduktionswirkungen hervor. Als besonders aufschlußreich mag die im hiesigen Institut untersuchte Photolyse des Silbernitrates unter dem Einfluß des Zinkoxydes erwähnt werden, weil sie sich unter gleichzeitiger Abscheidung von Silber und Silberperoxyd vollzieht und somit den nahen Zusammenhang der Photolyse mit der

[1]) E. Baur, Ztschr. physik. Chem. **63**, 683 (1908). — G. Trümpler, ebd. **90**, 383 (1915). — E. Staechelin, ebd. **94**, 542 (1920). — E. Baur, Ztschr. f. Elektrochem. **25**, 102 (1919); **27**, 72 (1921); **29**, 105 (1923).

[2]) E. Baur, Helv. Chim. Acta **1**, 186 (1918); **5**, 221 (1922).

[3]) Über Lichtreaktionen auf Malerfarbstoffe. Chemiker-Zeitung **35**, 753, 774, 786 (1911); **37**, 137, 178, 195 (1913).

[4]) Ztschr. f. wissensch. Photogr. **21**, 45 (1921), 141, 168, 175 (1922).

Elektrolyse dartut und insbesondere den aktiven, peroxydischen Sauerstoff zu fassen gestattet[1]).

Ich zweifle nicht, daß eine Aufschlemmung von Zinkoxyd den photodynamischen Effekt ergeben wird. Auch wäre es wohl möglich, daß Zinkoxyd-Bestäubung in der Lichtbehandlung von Hautkrankheiten vielleicht irgendwie von Nutzen sein möchte. Desgleichen wäre wohl in der pharmazeutischen Behandlung der Zinksalbe auf eine mögliche Veränderung durch Belichtung Rücksicht zu nehmen. Daß dem Zinkoxyd nach diesen Richtungen Aufmerksamkeit zu schenken sei, darauf wollte ich hinweisen.

---

[1]) E. Baur u. A. Perret, Helv. Chim. Acta 7, 910 (1924).

(Aus dem Institut für physikalische Chemie an der Eidg. Techn. Hochschule Zürich. Vorstand: Prof. Dr. E. Baur)

Über die Einrichtung des Muskelmotors.

Von

Emil Baur.

Wenn man den Nutzeffekt einer periodisch wirkenden Maschine angibt, so hat dieser Quotient nur für einen vollen Umlauf eine maschinentechnische Bedeutung. Es ist wohl bekannt, daß dieser Nutzeffekt für den Muskel mindestens 25 % beträgt, bezogen auf die Verbrennungswärme der Glukose (oder des Glykogens, was praktisch keinen Unterschied macht). Da nun die Wärmetönung der Umwandlung: Glykogen zu verdünnter Milchsäure nur 4,5 % der Verbrennungswärme ausmacht, und da die Neutralisation derselben an freier Energie[1]) nur etwa 2 % hinzubringt oder höchstens 4 %, wenn man einfach die Neutralisationswärme[2]) in Rechnung stellt, und da auch die alkoholische Gärung (Glukose = Alkohol + CO_2) nicht mehr als 4,5 % der Verbrennungswärme liefern kann, so sieht man, daß irgendwelche Spaltungs- und Neutralisationsvorgänge niemals zum Betrieb des Muskelmotors ausreichen. Man muß sich vollständig klar darüber sein, daß die tierischen Arbeitsleistungen nur aus Oxydationen bestritten werden können.

Aus dem Umstand nun, daß der Muskel auch in sauerstoffreier Umgebung kurze Zeit arbeiten kann und daß erst nach Ablauf einer Zuckung oder eines kurzen Tetanus Verbrennungskohlensäure erscheint und daß dann erst ein entsprechender Verbrauch von Sauerstoff und Milchsäure nachgewiesen werden kann, was aus sehr eingehenden kalorimetrischen und analytischen Untersuchungen vornehmlich von A. V. Hill[3]) und O. Meyerhof[4]) hervorgeht, hat man geschlossen, daß die energieliefernde Verbrennung erst nach der Zuckung einsetzt. V. Hill[5]) sagt, „daß der Muskel einem Akkumulator ähnlich ist, daß er potentielle

---

[1]) Rund 6000 cal. Vgl. E. Baur, Notiz zur Theorie des Muskelmotors. Biochem. Zeitschr. **94**, 44 (1919).

[2]) 12 600 cal. Vgl. O. Meyerhof, Die chem. u. energet. Verhältnisse bei der Muskelarbeit. Ergebnisse d. Physiol. 22, 328—344 (1923). Siehe S. 337.

[3]) A. V. Hill, Der Mechanismus der Muskelkontraktion. Ergebnisse d. Physiol. 22, 299—327 (1923).

[4]) a. a. O. [5]) a. a. O. S. 320.

Energie enthält, welche sich entladen kann und durch einen oxydativen Prozeß während der Erholung ersetzt wird".

Ein Muskel-Modell, das diese Bedingung erfüllt, hatte ich 1914 angegeben[1]), aber 1916 umgestoßen und durch ein anderes ersetzt[2]), das so eingerichtet war, daß die Spannung infolge der Reizung durch eine mit dieser zugleich einsetzenden Oxydation sich entwickelte. Grund für diese Umstülpung war, daß die zweite Einrichtung weit natürlicher schien. Auch O. Meyerhof[3]) bezeichnet „den Fall einer mechanischen Energiespeicherung im ruhenden Muskel als unwahrscheinlich". Wenn man durch eine nachträgliche Oxydation den Muskelmotor wieder spannt, wie man die Feder eines abgelaufenen Uhrwerks aufzieht, wird der Motor unphysiologisch kompliziert und würde in der Sache doch nicht das Verhalten der Muskelfaser erreichen. Es mag wahr sein, daß es, wie O. Meyerhof[4]) sagt, verfrüht ist, über die nähere Einrichtung des Muskelmotors zu spekulieren; indessen kann sich doch niemand enthalten, Vorstellungen zu entwickeln, und wir müssen darunter die vorläufig beste aussuchen[5]).

Ich ließ in meinem zweiten Modell Milchsäure (oder Laktat) an den ultramikroskopischen Miszellen der doppelbrechenden Abschnitte der Fibrillen haften und ließ dieselbe durch stoßweise in Tätigkeit gesetzten Sauerstoff verbrennen. Jeder Oxydationsschub bewirkte durch Erhöhung der Grenzflächenspannung Verkürzung, die darauf folgende Milchsäure-Welle durch die gegenteilige Einwirkung Erschlaffung der Fibrille. Muß man nun angesichts der neueren Feststellungen über den „anaëroben" Verlauf der Verkürzungsphase diesen Plan ausscheiden?

Dann käme, obwohl grundsätzlich schlechter, bloß noch der Standpunkt in Frage, den A. V. Hill einnimmt und der auch meinem älteren Plane zugrunde lag. — Ich möchte nun bemerken, daß die experimentellen Beweisstücke uns in diese Richtung nicht zu zwingen vermögen. Der Muskel kann eine kurze Zeit aus seinem eigenen Sauerstoffvorrat zehren; die Kohlensäure muß schon wegen der Pufferung verzögert in Erscheinung treten; die Milchsäurebilanz bei Reizung unter Luftzutritt entscheidet nichts, bei anaërober Reizung dürfte die Bilanz zwischen Glykogen und Milchsäure kaum so exakt aufzustellen sein, um einen durch Oxydation abhanden gekommenen Bruchteil sicher zu erfassen. Wohl aber könnte man ins Feld führen, daß die Wärmeentwicklung in der Kontraktion noch einen nicht verrechneten Posten enthält[6]), den wir eben als Anzeichen spannungliefernder Verbrennung deuten könnten.

---

[1]) E. Baur, Die Quelle der Muskelkraft. Naturwiss. Wochenschr. **13**, 273 (1914).

[2]) Ders., Physikal. Chemie d. Muskelwirkung. Vierteljahrsschr. d. naturforschenden Ges. in Zürich **61**, 215 (1916).

[3]) a. a. O. S. 344. [4]) a. a. O. S. 340.

[5]) Vgl. die einschlägigen kritischen Abwägungen bei O. von Fürth, Die Kolloidchemie des Muskels u. ihre Beziehungen zu den Problemen der Kontraktion und der Starre. Ergebnisse d. Physiol. **17**, 363—571 (1919); I. von Kries, Bemerkungen zur Theorie der Muskeltätigkeit. Archiv f. Physiol. **190**, 66 (1921).

[6]) O. Meyerhof, a. a. O. S. 338.

Somit dürfte mein Modell von 1916 nach wie vor diskutierbar bleiben. Insbesondere kann die Nachverbrennung während der Erholung keinen Einwand begründen. Wie sich herausgestellt hat, mobilisiert der Muskel nach der Reizung überschüssig viel Glykogen zu Milchsäure. Der verbleibende Rest muß nachmals beseitigt werden. Er wird, wie O. Meyerhof[1]) nachwies, zum größeren Teil wieder immobilisiert zu Glykogen. Da hiermit eine nicht unbeträchtliche negative Wärmetönung (etwa 15000 cal für 1 Mol Milchsäure) verbunden ist, so hat man geglaubt, daß der Prozeß nicht freiwillig verlaufen könne, sondern durch eine sog. gekoppelte Reaktion erzwungen werden müsse. Wenn wir aber die Gleichgewichtslage nach Nernst[2]) näherungsweise abschätzen, so findet man etwa, daß der Milchsäure-Dampfdruck über Glykogen bei Körpertemperatur von der Größenordnung 10^{-4} Atm. sein sollte, was vielleicht keine allzu große Lösungskonzentration bedeutet. Wenn das stimmt, so würde die Reversion der Milchsäure zu Glykogen nur eine mäßige Arbeitsleistung beanspruchen, die der Organismus wohl auch ohne gekoppelte Reaktion aufzubringen vermöchte. Es scheint mir viel natürlicher, anzunehmen, daß die Nachverbrennung von Milchsäure während der Erholung — die sich ja lang hinzieht — keinen weiteren Zweck hat als den der Beseitigung eines Überrestes. Keinesfalls sollte ihr eine entscheidende Bedeutung für die Einrichtung des Muskelmotors zugeschrieben werden.

---

[1]) a. a. O. S. 331.
[2]) W. Nernst, Die theoret. u. experimentellen Grundlagen des neuen Wärmesatzes. 1918. S. 114—124.

(Aus dem Physiologischen Institut der Universität Gießen.
Vorstand: Prof. Dr. K. Bürker)

Über die Definition des Begriffes Reiz.

Von

Karl Bürker.

Mit fortschreitender Erkenntnis des Geschehens in der lebenden Substanz ist eine schärfere Formulierung der die Erscheinungen bezeichnenden Termini technici erwünscht, und das betrifft nicht zuletzt den vielgebrauchten, aber oft wenig scharf erfaßten Terminus Reiz.

Die lebende Substanz, als reizbares System, wird durch ein von außen oder innen her Einwirkendes, eben den Reiz, Stimulus = Stachel, in Erregung versetzt, worauf es am Orte der Reizung und Erregung oder auch entfernt davon nach Erregungsleitung zu einer spezifischen Reaktion in dem betreffenden System kommt. Die Energie des Reizes ist dabei meist klein im Verhältnis zur Energie der Reaktion, der Reiz wirkt auf vorhandene Spannkräfte nur auslösend.

Zur Veranschaulichung dieses Nacheinander von Teilaktionen kann man den modernen Explosionsmotor zum Vergleich heranziehen. Das vergaste, mit Luft gemischte Benzin entspricht dem in der lebenden Substanz angehäuften Assimilations- bzw. Energiematerial, der elektrische Strom, der die Zündung zu bewirken hat, wäre der Reiz, die Zündung selbst entspräche der Erregung und die Explosion der Reaktion.

Das Primäre dabei ist jedenfalls der Reiz, der noch nach seiner Modalität, Qualität, Intensität, Extensität und nach seinen zeitlichen Verhältnissen zu unterscheiden wäre.

Auf die lebende Substanz kann nun der Reiz direkt oder indirekt einwirken; direkt, indem er die erregbare Substanz selbst trifft, indirekt, indem z. B. ein Härchen auf der Haut berührt wird, das seinerseits als Hebel dem mechanischen Reiz auf den um die Haarbasis herum angeordneten Haarnervenkranz überträgt. Um diese beiden Arten von Reizen begrifflich zu unterscheiden, spricht E. Mangold[1]) im ersteren Falle vom Suszeptions-, im letzteren vom Rezeptionsort des Reizes.

Was der Reiz in der lebenden Substanz bewirkt, ist einerseits von der Art des Reizes abhängig, ob er nämlich ein homologer oder ein

---

[1]) E. Mangold, Reiz und Erregung, Reizleitung und Erregungsleitung. Asher u. Spiros Ergebnisse d. Physiol., 1. Abt., Bd. 21, S. 361. 1923.

heterologer, ein schwacher oder starker, ein langsam oder rasch verlaufender ist, andererseits von der spezifischen Funktion des lebenden Systems. Ist das System ein heterobolisches, so rufen verschieden starke Reize auch verschieden starke Reaktionen hervor, ist es ein isobolisches, dann ist jeder Reiz, wenn er überhaupt wirksam ist, ein maximaler, und es kommt das Alles-oder-Nichts-Gesetz zur Geltung. Für den Reizerfolg ist auch noch von Bedeutung, ob ein Refraktärstadium besteht oder nicht.

Eine prägnante Definition des Begriffes Reiz ist erwünscht. Wie steht es bisher mit einer solchen Definition?

In seinem Handbuch der Physiologie Bd. 1, S. 52 (1844) definiert Joh. Müller den Reiz als alles, was die materielle Zusammensetzung und das Gleichgewicht der Verteilung imponderabler Materien in den organischen Teilen stört.

W. Preyer[1]) schreibt in seinen immer noch sehr lesenswerten „Elementen der allgemeinen Physiologie“ auf S. 176: Reize sind Veränderungen, welche dadurch, daß sie mit einer gewissen Geschwindigkeit verlaufen, Zustandsänderungen an den von ihnen betroffenen, im labilen Gleichgewicht befindlichen Gebilden hervorrufen können. Und S. 177 steht: Reiz ist dasjenige, was eine Funktion hervorruft oder eine vorhandene Funktion ändert oder hemmt.

M. Verworn[2]) definiert von seinem Standpunkte, dem erkenntnistheoretischen Konditionismus, aus: Reiz ist jede Veränderung in den äußeren Lebensbedingungen, wobei unter letzteren auch solche verstanden sind, welche zwar innerhalb des Körpers gegeben, doch zunächst außerhalb des reizbaren Systems selbst gelegen sind. Im Handwörterbuch der Naturwissenschaften[3]) findet man die Verwornsche Definition in dem Artikel Irritabilität von J. Vészi noch genauer erläutert.

E. Mangold (a. a. O. S. 365) versteht unter Reiz jede äußere Veränderung, die auf lebende Substanz so einzuwirken vermag, daß diese selbst mit einer Veränderung im Ablaufe ihrer Lebensvorgänge reagiert. Der Autor unterscheidet auch noch Reizleitung und Erregungsleitung. Reizleitung ist nach ihm die Übertragung einer äußeren physikalischen oder chemischen Veränderung durch Teile eines lebenden Organismus ohne aktive Beteiligung derselben, mit anderen Worten die Leitung eines Reizes vom Suszeptions- zum Rezeptionsort. Um Erregungsleitung dagegen handelt es sich, wenn die Ausbreitung mit aktiven Vorgängen der lebenden Substanz verknüpft ist.

Es fragt sich nun, ob diese Definitionen des Begriffes Reiz — es wurden nur einige wesentliche herausgegriffen — befriedigen. Die Joh. Müllersche Definition scheint mir, ganz abgesehen von den „imponderablen Materien“, eine zu sehr das stoffliche und zu wenig das dynamische Moment berücksichtigende Definition zu sein. W. Preyer und E. Mangold werden letzterem Moment mehr gerecht. Bei der

[1]) Th. Griebens Verlag (L. Fernau). Leipzig 1883.
[2]) M. Verworn, Allgemeine Physiologie. 6. Aufl., S. 423. Verlag G. Fischer, Jena 1915. [3]) Bd. 5, S. 542. 1914.

Verworn'schen Definition muß man die ganze Stellung des Autors in Sachen des erkenntnistheoretischen Konditionismus, der an die Stelle von „Ursachen“ „Bedingungen“ setzt, kennen, um die Definition richtig zu würdigen; in den Worten, mit welchen sie gegeben ist, kommt die lebende Substanz selbst nicht zur Geltung.

Eine Definition des Begriffes Reiz muß Rücksicht nehmen auf das stoffliche und dynamische Geschehen in der lebenden Substanz. Am feinsten herausgearbeitet und der subjektiven Beobachtung bis zu einem gewissen Grade auch zugängig gemacht ist dieses Geschehen in der Sehsubstanz, die nach den tiefgründigen Untersuchungen von E. Hering ja auch oft als Beispiel für derartige Betrachtungen gewählt wird.

E. Hering[1]) schreibt darüber: „Das Wesen des Lebens liegt in physischer Hinsicht im Stoffwechsel der lebendigen Substanz, bei welchem einerseits Stoffe entstehen, welche von der lebendigen Substanz als etwas ihr fremd Gewordenes ausgesondert werden, andererseits aber, und zwar gleichzeitig Stoffe aufgenommen, von der lebendigen Substanz angeeignet und zu Bestandteilen ihrer selbst gemacht werden. Den letzteren Vorgang hat man unter Erweiterung eines alten aus der Pflanzenphysiologie stammenden Begriffs als Assimilation benannt, und nach diesem Vorbilde habe ich seinerzeit für den erstgenannten Vorgang die seitdem gebräuchlich gewordene Bezeichnung Dissimilation gewählt.“

„Indem wir, so sagte ich, diese beiden Vorgänge begrifflich trennen, dürfen wir uns doch nicht dazu verführen lassen, sie als zwei wirklich nur nebeneinanderlaufende Prozesse aufzufassen, und uns die lebendige Substanz etwa wie eine innerlich ruhende Masse vorzustellen, welche nur von der einen Seite her verbraucht und von der anderen Seite her wieder aufgebaut wird. Wir haben uns vielmehr Assimilation und Dissimilation als zwei innig ineinanderverflochtene Prozesse zu denken, welche den seinem eigentlichen Wesen nach unbekannten Stoffwechsel der lebendigen Substanz ausmachen und in allen kleinsten Teilen der letzteren zugleich stattfinden, daher diese Substanz nichts Stetiges oder Ruhendes, sondern ein immer mehr oder minder innerlich Bewegtes, sich Regendes darstellt.“

Die so beschaffene lebende Substanz zeigt nun bei Abhaltung besonderer Reize eine gewisse mittelwertige Beschaffenheit, bei der in der Zeiteinheit genau so viel dissimiliert als assimiliert wird, so daß der Quotient $\frac{\text{Assimilation}}{\text{Dissimilation}} = \frac{A}{D} = 1$ bleibt. Wirkt jetzt ein Reiz ein, so wird zunächst $D > A$, es tritt eine absteigende Änderung ein, die Substanz wird unterwertig und der Quotient $\frac{A}{D}$ wird < 1. Jede lebende Substanz vermag aber aus diesem Zustand der Unterwertigkeit durch gesteigerte Assimilation wieder in den der Mittelwertigkeit zurückzukehren, was Hering die Selbststeuerung des Stoffwechsels

---

[1]) E. Hering, Grundzüge der Lehre vom Lichtsinn. S. 101. Verlag W. Engelmann, Leipzig 1905—1920.

genannt hat; dadurch strebt der Quotient $\frac{A}{D}$ wieder der 1 zu. Ein Ausgleich wird rein physikalisch-chemisch auch dadurch herbeigeführt, daß bei der Dissimilation große Moleküle in kleine zerfallen, was eine Erhöhung des osmotischen Drucks an Ort und Stelle und damit eine Abwanderung der Dissimilationsprodukte nach Orten niederen Drucks bedingt.

Auf diese Grundphänome des Lebens muß bei der Definition des Begriffes Reiz Rücksicht genommen werden, denn der Reiz ist es ja gerade, der das normalerweise bestehende dynamische Gleichgewicht in der lebenden Substanz stört und darauf zur Selbststeuerung des Stoffwechsels Veranlassung gibt. Es empfiehlt sich noch, den Quotienten $\frac{A}{D}$ nach dem Vorgange von M. Verworn kurz mit „Biotonus" zu bezeichnen.

Demnach sollte die Definition des Begriffes Reiz kurz lauten: Reiz ist alles, was den Biotonus unter- oder überwertig macht.

Die Art und Weise der Reaktion ist dabei in jedem Falle von der spezifischen Energie des gereizten Systems abhängig, kommt aber für die Definition des Begriffes Reiz nur sekundär in Betracht.

Bei dieser Art der Definition ist nicht nur auf die meist dissimilatorisch, sondern auch auf die assimilatorisch wirksamen Reize Rücksicht genommen. Das zeitliche Moment kann aus der Definition wegbleiben, denn ob die Reize vorübergehend oder für längere Zeit wirksam sind, ist nicht wesentlich. Es fallen dann aber auch assimilatorisch wirksame Dauerreize, wie bei der physiologischen Hypertrophie des wachsenden Organismus mit $\frac{A}{D} > 1$, z. B. die Carrelschen Trephone, und dissimilatorisch wirksame Reize, wie bei der physiologischen Hypotrophie des alternden Organismus mit $\frac{A}{D} < 1$, unter den Begriff.

(Aus dem Hygienischen Institut der Medizinischen Militär-Akademie zu Leningrad. Vorstand: Prof. Dr. G. W. Chlopin)

Zum gegenwärtigen Stand der Frage über den Einfluß geistiger Arbeit auf den Stoffwechsel des menschlichen Organismus.

Von

Gregor Chlopin.

Während zur Zeit schon zahlreiche und eingehende physiologische Untersuchungen der physischen Tätigkeit lebender Organismen durchgeführt sind und schon vieles in dieser Hinsicht aufgeklärt ist, steckt die Physiologie der geistigen Tätigkeit noch immer in den Kinderschuhen. Dies ist auch leicht verständlich, da die physiologische Untersuchung der geistigen Tätigkeit mit viel größeren Schwierigkeiten verbunden ist als das Studium der Muskelbewegungen. Es existieren nichtsdestoweniger doch schon einige Versuche, diese schwierige Frage in Angriff zu nehmen und in diesem oder jenem Sinne aufzuklären.

Die Untersuchung der geistigen Tätigkeit vom hygienischen Standpunkte aus wird dadurch erleichtert, daß man dabei die Frage über das Wesen der sog. psychischen Prozesse unberücksichtigt lassen kann und diese letzteren zusammen mit den sie begleitenden ev. durch sie hervorgerufenen, rein physiologischen, materiellen Bedingungen in Angriff nehmen darf.

Die oft zutage tretenden, sehr engen Beziehungen zwischen der intellektuellen Tätigkeit einerseits und den physiologischen Vorgängen im Organismus anderseits haben einige Forscher dazu bewegt, die Existenz dieser Beziehungen tatsächlich zu beweisen und alsdann ihrem Wesen näherzukommen zu versuchen.

Es ist dem berühmten italienischen Physiologen A. Mosso zuerst gelungen, den Zusammenhang zwischen der Muskelermüdung und der intellektuellen Arbeit aufs deutlichste zu beweisen.

In einer fesselnden Monographie über die Ermüdung (La Fatica) und seinen speziellen Arbeiten hat Mosso an Hand der Kurven, welche er mit Hilfe seines Ergographen gewonnen hatte, gezeigt, daß ein Professor sich nach einer Vorlesung sehr bedeutend ermüdet: die Muskelkraft seiner Handflexoren sinkt um 21% der ursprünglichen Größe.

Nach einem Examen, welches 3½ Stunden lang gedauert hatte, ist die normale Muskelkraft etwa viermal kleiner geworden.

Diese durch geistige Tätigkeit verursachte Ermüdung hängt nicht nur von der Ermüdung des Willens, sondern auch von der Ermüdung der Muskel selbst ab: man erhält nämlich dieselben Resultate, wenn der willkürliche Impuls ausgeschlossen und der Muskel direkt durch elektrischen Strom gereizt wird.

Diese Tatsachen werden von Mosso auf folgende Weise erklärt: Wären im Organismus verschiedene Energiequellen vorhanden, z. B. die eine — für Muskelkontraktion, eine andere — für geistige Tätigkeit, so hätte die intellektuelle Ermüdung keinen Einfluß auf die Arbeit der Muskeln und umgekehrt. Die dargelegten Befunde zeigen aber, sowohl für die intellektuelle Arbeit als auch für die Arbeit der Muskeln, daß ein und dieselbe Energiequelle zur Verfügung steht, da die Energie, welche durch die intellektuelle Tätigkeit verbraucht war, auch die Energiemenge, auf deren Kosten die Muskelarbeit getan wird, vermindert; die Muskeln können eine geringe Menge Arbeit produzieren, d. h. sie werden auch zugleich ermüdet.

Die Hirntätigkeit beeinflußt in der Tat alle wichtigsten Funktionen des Organismus, als ob sie ihr physiologisches Äquivalent oder wenigstens ihre physiologische Ausstattung hätte.

Wenn ein auf dem Rücken liegender Mensch auf einer besonderen Wage (Mosso u.a.) in Gleichgewicht gebracht wird, so daß sein Körper eine horizontale Lage einnimmt, so wird der Gleichgewichtszustand gestört, sobald er zum Kopfrechnen aufgefordert wird: infolge einer Neuverteilung des Blutes, welches zum arbeitenden Gehirn strömt, wird die vordere Körperhälfte sinken, die Beine aber sich zugleich heben. Folglich fordert das arbeitende Gehirn, ebenso wie die Muskeln, eine stärkere Blutversorgung als im Ruhezustande.

Zugleich mit der Neuverteilung des Blutes wird unter dem Einfluß der intellektuellen Arbeit auch eine Veränderung der Herztätigkeit beobachtet, was durch die Veränderung der Pulsfrequenz gekennzeichnet wird. Letztere ist aber viel komplizierter, als man es von vornherein glauben könnte.

Es hat sich nämlich herausgestellt, daß eine kurz dauernde intellektuelle Arbeit zuerst Vasokonstriktion und Beschleunigung der Herzschläge und der Atmung verursacht; später stellt sich die Verzögerung der Pulsschläge und die Vasodilatation ein.

Eine längere intellektuelle Arbeit bei körperlicher Ruhe verzögert die Herzkontraktionen und verringert den peripheren kapillaren Blutkreislauf (A. Binet und V. Henry[1]).

Es ist nicht zu verwundern, daß bei komplizierten Kopfrechnungen, d.h. bei kurz dauernder intensiver intellektueller Anstrengung, der gesamte Blutdruck fast ebenso stark gesteigert wird, wie bei der Muskelarbeit: um 20 mm Quecksilber im ersten und um 30 mm im zweiten Falle (Binet und Woskind u. a.).

---

[1]) A. Binet et V. Henry, La fatique intellectuelle. M. 1899 (russ.).

Da die Untersuchung des Einflusses geistiger Arbeit auf die Wärmeproduktion mit sehr großen Schwierigkeiten verbunden ist, gibt es nur sehr spärliche und lückenhafte Angaben bezüglich der Wärmeverteilung und Wärmeverlust. Zur Lösung dieser Fragen sind Beobachtungen über Temperaturschwankungen der Haut, in ano und sogar im Gehirn nicht hinreichend; es müssen vielmehr kalorimetrische Untersuchungen über den gesamten Wärmewechsel angestellt werden.

Es war höchst interessant, den Einfluß geistiger Arbeit auf den Stoffwechsel des Organismus zu untersuchen, welcher bekanntlich durch Muskelarbeit sehr stark verändert werden kann.

Man hat zur Lösung dieser Frage zwei verschiedene Wege eingeschlagen: einige Forscher haben es versucht, die Besonderheiten der Stoffwechselprodukte, welche bei geistiger Arbeit mit dem Harn ausgeschieden werden, festzustellen; andere haben sich aber zur Untersuchung des Gasstoffwechsels gewandt.

Hätte man an Hand der gewöhnlichen objektiven Methoden festgestellt, daß die geistige Tätigkeit ganz ebenso wie die Muskelarbeit stoffliche Zersetzung im Organismus verursacht, daß heißt zu ihrer Erzeugung derselben Nahrungsmittel bedarf, so wäre die Analogie zwischen geistiger und physischer Arbeit eine sehr vollkommene und tiefgreifende.

Nun gibt es aber zur Zeit leider sehr spärliche Untersuchungen darüber, welche außerdem zum größten Teil noch damals ausgeführt waren, wo die wissenschaftliche Versuchsanordnung zum Studium des Stoffwechsels noch nicht ausgearbeit war (in den 60er und 70er Jahren des vorigen Jahrhunderts). Daher sind auch sowohl die Versuchsanordnungen als auch die Genauigkeit und Zuverlässigkeit der Methoden, welche die verschiedenen Forscher zur Harnanalyse angewandt hatten, bei weitem nicht einwandfrei.

Nach den Befunden von Biasson vergrößert die geistige Arbeit die Harnmenge und ihren Gehalt an Phosphor- und Schwefelsäure, Harnstoff und, in einem unbedeutendenMaße, auch die Kaliumverbindungen; dagegen werden die Chloride in einer bedeutend geringeren Menge (dreimal weniger) ausgeschieden. Das spezifische Gewicht und die Reaktion des Harnes ändern sich nicht. Bei Muskelarbeit wird eine gesteigerteAusscheidung derselben Stoffe festgestellt, wenn auch meistenteils nicht so stark ausgesprochen wie bei der geistigen Tätigkeit. Es sei noch eine herabgesetzte Menge ausgeschiedener Schwefelsäure bei Muskelarbeit vermerkt im Vergleich sowohl mit dem Ruhezustande, als auch besonders mit der geistigen Tätigkeit. Die letzte steigert die ausgeschiedene Menge Schwefelsäure um ein Zweifaches im Vergleich mit dem Ruhezustande.

Aus diesen Angaben erhellt, daß, die erwähnten Ausnahmen ausgeschlossen, der Stoffwechsel bei psychischer und physischer Arbeit qualitativ höchst ähnlich ist und nur quantitativ abweicht; dies hätte man übrigens auch von vornherein erwarten sollen.

Dagegen sind spätere Autoren (Wood 1869, Mairet[1]) und Thorion[2])) zu anderen und dabei widersprechenden Schlüssen gekommen.

Diese Widersprüche, welche sich auf den Einfluß geistiger Arbeit, auf den Stickstoff und Salzmetabolismus beziehen, bleiben auch zur Zeit nicht aufgeklärt, da die neueren Untersuchungen (Benedict und Carpenter) den Einfluß geistiger Arbeit auf Stickstoffausscheidung durch Harn leugnen. Das Interesse zu Untersuchungen solcher Art ist jetzt fast erloschen; wahrscheinlich wegen ihren bedeutenden Schwierigkeiten, und der Zweifel, daß ein neuer Forscher imstande sein wird, deutlichere Resultate zu erhalten.

Gehen wir nun zu den Beziehungen zwischen geistiger Arbeit einerseits und der Atmung und des Lungengasstoffwechsels anderseits über.

Veränderungen, welche durch die geistige Arbeit in Frequenz, Tiefe und Volumen der Atmung hervorrufen, können sehr leicht durch die üblichen physiologischen Apparate (Pneumograph, Spirometer, Gasometer u. dgl.) registriert werden. Daher wurde gerade diese Seite der Frage verhältnismäßig eingehend in Angriff genommen. Was aber die chemische Seite des Gasstoffwechsels anbetrifft, so wurde in dieser Hinsicht, wie wir unten sehen werden, bis zur letzten Zeit fast gar kein Tatsachenmaterial gewonnen.

Unter dem Einfluß der geistigen Arbeit wird die Frequenz der Atmungsbewegungen parallel mit den Pulsschlägen gesteigert und umgekehrt. Dabei scheint die Atmung als Regel reizungsempfindlicher zu sein als die Herztätigkeit; nur ausnahmsweise findet man auch umgekehrte Verhältnisse. Die Atmungsphasen werden kürzer, am meisten die Pausen nach der Ausatmung und die Einatmungsdauer (MacDugal).

Der Einfluß der geistigen Tätigkeit auf die Menge der ein- und ausgeatmeten Luft (Atmungsvolumen) wurde bis zur letzten Zeit gar nicht untersucht.

Man findet kaum mehr Literaturangaben über den Einfluß geistiger Tätigkeit auf die quantitative Zusammensetzung der ausgeatmeten Luft.

In der Zusammenfassung seiner eingehenden Untersuchungen kommt Dr. Speck[3]) zu rein negativen Schlüssen: die geistige Tätigkeit soll keinen direkten Einfluß auf den allgemeinen Stoffwechsel ausüben; daher sind die molekularen Prozesse im Gehirn, welche die Grundlage der geistigen Tätigkeit ausmachen, entweder keine oxydativen Prozesse wie *Lavoisier* meinte, oder ist ihre Intensität so unbedeutend, daß sie den bekannten Untersuchungsmethoden verborgen bleiben.

Trotz dieser sehr kategorischen Behauptung werden gerade die von Speck gewonnenen Resultate meistens zugunsten der entgegen-

---

[1]) Mairet, Recherches sur l'élimination de l'acide phosphorique chez l'homme sain, l'aliéné, l'épileptique et hystérique. Paris 1884.

[2]) Thorion, Influence du travail intellectuel sur variation de quelques éléments de l'urine à l'état physiologique. Paris 1893.

[3]) Speck, Untersuchungen über die Beziehungen der geistigen Tätigkeit zum Stoffwechsel. Arch. f. exp. Path. und Pharmak. 1882.

gesetzten Meinung zitiert, nämlich als ein Beweis dafür, daß die geistige Arbeit den Gasstoffwechsel steigert (A. Binet et Henry, Vierordt u. a.).

Becker und Olsen[1]), Leman[2]) und Liebermeister sind zum Schlusse gekommen, daß die geistige Arbeit die Menge des ausgeschiedenen Kohlendyoxyds steigert. Leider waren mir die beiden letzten Arbeiten im Original nicht zugänglich.

Benedict und Carpenter[3]) lehnen hingegen eine Vergrößerung der Ausscheidung von Kohlendyoxyd unter dem Einfluß geistiger Arbeit ab. Durch diese wenigen und einander widersprechenden Angaben wird die ganze Literatur über den Einfluß der geistigen Tätigkeit auf den Gasstoffwechsel, welche mir zugänglich war, erschöpft.

Daher habe ich unter Mitwirkung meines Assistenten Dr. Okunewsky eine Reihe von Versuchen angestellt, um diese verwickelte Frage der Lösung näherzubringen, ob nämlich solch ein Einfluß nachgewiesen werden könne und, wenn so, wie bedeutend er sei[4]). Die Resultate dieser Untersuchungen erlauben meines Erachtens, vollkommen unzweideutige Schlüsse zu ziehen.

Unsere Versuche wurden an drei Ärzten ausgeführt, welche mit den Initialen Ch., W. und L. bezeichnet werden können. Die zu untersuchende geistige Arbeit bestand im Kopfrechnen von arithmetischen Aufgaben, welches mit möglichster Intensität aus einem und demselben Lehrbuch in derselben Reihenfolge durchgeführt wurde; es war also eine rein intellektuelle Arbeit mit vollkommen indifferentem Gefühlston der Empfindung, welche durch minimale sichtbare Muskelanstrengung (Muskulatur der Augäpfel) begleitet war. Die Versuchssubjekte saßen während der Versuche unbeweglich in einem Lehnstuhl in einer behaglichen Stellung, sowohl während Ruheintervallen (Kontrolle), als auch während der geistigen Arbeit.

Der mögliche Einfluß der vorhergehenden Speiseaufnahme oder ev. Muskelanstrengungen (z. B. Gehen) wurde durch entsprechende Maßregeln ausgeschlossen. Der Sauerstoff- und Kohlendyoxydgehalt der eingeatmeten und der ausgeatmeten Luft wurden im Apparat von Goeppert-Zuntz bestimmt. Die Versuchssubjekte waren verschiedenen Alters (58, resp. etwa 30 Jahre alt). Die möglichen individuellen Schwankungen konnten an anderen Subjekten kontrolliert werden. Die Gesamtanzahl der Versuche war 20, davon beziehen sich 10 auf Ch. und je 5 auf W. und L. Außerdem wurden Kontrollversuche angestellt, welche im Zustande intellektueller Ruhe durchgeführt wurden. Die Durchschnittswerte der gewonnenen Resultate sind in Tabellen wiedergegeben:

---

[1]) Becker und Olsen, Skand. Arch. f. Physiol. Bd. 35, S. 81. 1914.

[2]) Zitiert nach Danilewsky, Physiologie des Menschen. Bd. II, Lfg. 1, S. 786. Charkow 1915. (Russisch!)

[3]) Benedict und Carpenter, U. S. Depart. of. agric. Offic. of exp. Station, Bull. 44.

[4]) Chlopin und Okunewsky, Untersuchungen auf dem Gebiete der Physiologie und Hygiene der geistigen Tätigkeit. Bull. de l'Acad. des Sciences de Russie. 1922. Dieselben, Die geistige Tätigkeit und der Gasstoffwechsel. Arch. f. Hygiene, Bd. 91. 1922.

I. Sauerstoffverbrauch in ccm pro Minute:

Versuchssubjekt	Ruhe	Intellektuelle Arbeit	Differenz in ccm	Differenz in %
Ch. Mittelwerte aus 10 Versuchen	245	290	+ 45	+ 18,9
W. Mittelwerte aus 5 Versuchen	198	288	+ 90	+ 45,5
L. Mittelwerte aus 5 Versuchen	250	282	+ 32	+ 12,8

Aus diesen Resultaten erhellt mit Deutlichkeit, daß die intellektuelle Arbeit ebenso wie die physische einer gesteigerten Sauerstoffzufuhr bedarf, was augenscheinlich auf einen gesteigerten Sauerstoffhunger der Nervenzellen bei psychischer Arbeit zurückzuführen ist. Dabei schwankt die Zunahme der verbrauchten Sauerstoffmengen bei verschiedenen Individuen in weiten Grenzen.

Da bei intellektueller Tätigkeit der Sauerstoffverbrauch zunimmt, so muß auch dementsprechend die Menge des durch die Lungen ausgeschiedenen Kohlendyoxyds zunehmen, was auch in der Tat der Fall ist (Tab. II).

II. Die Ausscheidung des Kohlendyoxyds in ccm pro Minute:

Versuchssubjekt	Ruhe	Intellektuelle Tätigkeit	Differenz in ccm	Differenz in %
Ch.	193	250	+ 57	+ 29,6
W.	171	244	+ 73	+ 42,0
L.	212	222	+ 10	+ 4,7

Bei allen untersuchten Subjekten konnte also eine Zunahme der ausgeschiedenen Mengen des Kohlendyoxyds während der geistigen Arbeit festgestellt werden.

Was nun die Atmungsvolumina, d. h. die Volumina der ausgeatmeten Luft, anbetrifft, so veränderten sie sich folgendermaßen (Tab. III).

III. Die Volumina der durch die Versuchssubjekte ausgeatmeten Luft in ccm pro Minute:

Versuchssubjekt	Ruhe	Intellektuelle Arbeit	Differenz in ccm	Differenz in %
Ch.	6036	7755	+ 1719	+ 28,5
W.	5648	8009	+ 2361	+ 40,9
L.	8582	8066	— 516	— 5,9

Bei zwei untersuchten Subjekten hat bei der geistigen Arbeit, entsprechend dem gesteigerten Sauerstoffverbrauch und der gesteigerten Ausscheidung des Kohlendyoxyds, auch das Volumen der ausgeatmeten Luft zugenommen. Bei dem Versuchssubjekt L. ist im Gegenteil das Volumen der ausgeatmeten Luft im Durchschnitt nur einige Prozente kleiner geworden; dies hatte aber keinen Einfluß auf den Sauerstoffverbrauch und die Kohlensäureausscheidung: beide hatten unter dem Einfluß der intellektuellen Arbeit zugenommen (Tab. I und II).

Unsere Versuche zeigen also mit Deutlichkeit, daß die intellektuelle Tätigkeit den gesamten Gaswechsel steigert. Die festgestellte Zunahme des Sauerstoffverbrauchs und der Kohlensäureausscheidung deuten aber zweifellos darauf hin, daß im Organismus durch geistige Tätigkeit ganz ebenso wie durch die Muskelarbeit bestimmte oxydative Prozesse gesteigert werden und eine stoffliche Zersetzung oder Dissimilation verursacht wird. Es liegt nahe, zu denken, daß diese Dissimilation sich vor allem im Organ der intellektuellen Tätigkeit, dem Gehirn, und dem Nervensystem überhaupt abspielt, zum Teil aber wahrscheinlich auch in anderen Organsystemen des Organismus.

Daraus folgt ebenfalls, daß ein intellektueller Arbeiter, fast ohne sichtbare Muskelanstrengung, nichtsdestoweniger die Reservestoffe seines Organismus aufzehrt und zu ihrer Wiederherstellung einer täglichen, quantitativ und qualitativ genügenden Nahrungsration bedarf, welche der Feinheit und Wichtigkeit seiner Arbeit entsprechen muß. Diese Tatsache müßte meines Erachtens gerade zur Zeit besonders betont werden.

Nachdem es uns gelungen ist, diese grundlegenden Tatsachen festzustellen, haben wir noch einen Schritt weiter gemacht und versucht, ein quantitatives Verhältnis zwischen der Größe des Gaswechsels und der Intensität der geleisteten geistigen Arbeit zu finden. Als Maß der Intensität intellektueller Tätigkeit diente uns die Anzahl der pro Minute gerechneten Aufgaben und Mittelwerte der Lösungsgeschwindigkeit einer einzelnen Aufgabe, d. h. die Zeit (in Minuten gerechnet), welche jedem Versuchssubjekt zur Lösung einer Aufgabe nötig war.

IV. Die Intensität der intellektuellen Arbeit in Mittelwerten:

Versuchssubjekt	Die Anzahl der während der Versuchsdauer gelösten Aufgaben	Die Dauer der intellektuellen Arbeit in Minuten	Die Anzahl der pro Minute gelösten Aufgaben	Die Mittelwerte der Lösungsgeschwindigkeit pro Minute
Ch.	18,25	15,8	1,36	0,99
W.	42,6	18,9	2,2	0,4
L.	44,18	16,8	2,7	0,4

Die Intensität der intellektuellen Arbeit war bei jüngeren Versuchssubjekten (W. und L.) größer als beim älteren (Ch.), sowohl in bezug auf die Anzahl der gelösten Aufgaben als auch in bezug auf die Lösungsgeschwindigkeit. Wenn man die Versuche nach der Intensität der geleisteten Arbeit in Gruppen einteilt und mit der entsprechenden Zunahme des Gaswechsels vergleicht, erhält man folgende Verhältnisse:

V. 1. Versuchssubjekt Ch.:

Versuchsgruppe	Die relative Zunahme des Sauerstoffverbrauchs (Durchschnittszahlen)	Die relative Zunahme des Energieverbrauchs nach dem respir. Quotient $\left(\frac{CO_2}{O_2}\right)$ gerechnet in Kalorien (Durchschnittszahlen)
a) Größte Intensität der intell. Arbeit..	48,17 %	44,7 %
b) Mittlere Intensität der intell. Arbeit..	11,80 %	12,1 %
c) Kleinste Intensität der intell. Arbeit..	6,60 %	8,3 %

2. Versuchssubjekt W.:

a) Größte Intensität der intell. Arbeit..	87,75 %	88,4 %
b) Mittlere Intensität der intell. Arbeit..	17,80 %	17,63 %

Je größer die Intensität der geleisteten geistigen Arbeit ist, desto größer wird auch der Sauerstoffverbrauch und die Dissimilationsenergie im Organismus und umgekehrt. Die Regelmäßigkeit dieser Verhältnisse, welche wir als erste festgestellt hatten, dürfte wohl kaum durch Zufall erklärt werden, da die Resultate der Befunde auf verschiedene Weise berechnet wurden, in beiden Fällen aber (Tab. V) vollkommen übereinstimmende Zahlenwerte ergaben.

Weitere Untersuchungen werden wohl zeigen, ob die von uns festgestellten Beziehungen zwischen der Intensität der intellektuellen Tätigkeit und den Zahlenwerten des Gas- und Wärmewechsels ebenso gesetzmäßig sind wie im Falle der körperlichen Arbeit. Diese an Menschen erhobenen Befunde bezüglich der Zunahme des Gaswechsels unter dem Einfluß der geistigen Tätigkeit stehen auch mit den Ergebnissen von Winterstein[1]) im Einklang, welcher eine gesteigerte Ausscheidung der Kohlensäure bei der Reizung des Froschhirns beobachtet hatte.

Außerdem hatten wir auch den Einfluß geistiger Arbeit auf die Atmungs- und Pulsfrequenz und auf die Körpertemperatur berücksichtigt, wie es aus einigen angeführten Angaben erhellt (Tab. VI).

VI. Die Veränderung der Atmungs- und Pulsfrequenz bei geistiger Arbeit:

Versuchssubjekt	Die Anzahl der Atemzüge pro Minute	Die Anzahl der Pulsschläge pro Minute
Ch.	+ 4	+ 2
W.	+ 2	+ 6
L.	− 3	+ 2

[1]) Wien. med. Wochenschr. Nr. 47, 1918.

Bei allen drei untersuchten Subjekten nahm während der geistigen Arbeit die Pulsfrequenz zu. Bei zwei Versuchssubjekten wurde dabei auch die Atmung beschleunigt; der dritte zeigte auch in diesem Fall eine individuelle Ausnahme.

Diese unsere Angaben bestätigen im allgemeinen die Befunde früherer Autoren (A. Binet und V. Henry, Gley u. a.), welche bei kurzdauernder und intensiver geistiger Arbeit auch eine Beschleunigung der Pulsschläge und der Atemzüge beobachtet, aber dabei es hervorgehoben hatten, daß der Einfluß auf die Herztätigkeit besonders konstant ist; dies ist auch verständlich, wenn man die Autonomie der letzteren berücksichtigt. Was aber die Körpertemperatur anbetrifft, so konnten wir mit Hilfe des gewöhnlichen medizinischen Thermometers keine Veränderung nachweisen, was übrigens auch von vornherein zu erwarten war.

O. Kestner und G. Knipping[1]), welche die Versuche von Benedict und Carpenter wiederholt und sieben Subjekte in der amerikanischen Respirationskammer von Atwater und Benedict untersucht haben, kommen in bezug auf den Einfluß geistiger Arbeit auf Gasstoffwechsel zu Schlüssen, welche mit den unsrigen in vollkommenem Einklange stehen. Ihre Versuchssubjekte haben bei intellektueller Arbeit um 3—33% mehr Sauerstoff verbraucht und um 10—12,2% mehr Kohlensäure ausgeschieden als in der Ruhe; dies macht etwa 7—8 Kalorien pro Stunde geistiger Arbeit aus. Dieselben Forscher haben außerdem eine bedeutende Zunahme der Kohlensäureausscheidung am Anfang der intellektuellen Tätigkeit festgestellt; diese Tatsache erklären sie durch den Übergang von Phosphorsäure in den Blutkreislauf, worauf schon Embden hingewiesen hat. Die Bestimmung des Phosphorsäuregehalts im Blute bestätigt diese Annahme und wies darauf hin, daß bei geistiger Arbeit ein ausgesprochener Zerfall der phosphorhaltigen Eiweißstoffe stattfindet, da die Menge der Phosphorsäure im Blut um 74% größer wird. Somit konnten diese Forscher, welche mit demselben Apparat gearbeitet haben, wie Benedict und Carpenter, die Angaben der letzteren bezüglich der Kohlensäureausscheidung nicht bestätigen.

Schließlich hat Ibzhöfer[2]) versucht, an Hand einer einfachen Methode den Energiewechsel bei geistiger Arbeit mit dem Apparat von Krogh[3]) zu bestimmen. Er hat 6 Subjekte, welche auf dem Rücken lagen, untersucht. Die Versuchsdauer betrug, wie bei uns, 15 Minuten. Die intellektuelle Arbeit bestand im Lesen, Auswendiglernen und im Rechnen geometrischer Aufgaben. In allen Versuchen haben die Volumina der ausgeatmeten Luft um 3,4—37% zugenommen und dabei desto mehr, je intensiver die Arbeit war: 2,8—56%; der Energiewechsel nahm ebenfalls zu, und zwar um 1—3,2% bei leichter Arbeit

---

[1]) Klinische Wochenschr., I, 1353, 1922.
[2]) Arch. f. Hygiene, 94, 1924.
[3]) Wien. Klin. Wochenschr., Nr. 13, 1922. Biochem. Journ., 14, 290. Boston med. and surg. Journ., 189, 313.

und um 2,3—8,6% bei schwieriger. Diese Tatsachen bestätigen ebenfalls unsere Befunde.

Bei der Überrechnung der aus dem Gaswechsel gewonnenen Werte auf Kalorien vergrößert sich, nach Ibzhöfer, der Energiewechsel im Durchschnitt:

bei leichter geistiger Arbeit um 1,6%
bei schwerer geistiger Arbeit um 5,0%,

Maximum aber um 10,6%. Diese Werte sind im Vergleich mit körperlicher Arbeit verhältnismäßig gering. Wenn man dabei berücksichtigt, daß das Gehirn nur 2% des Körpergewichts ausmacht, kann der in ihm stattfindende Energiewechsel höchstens 0,4% des gesamten täglichen Energiewechsels betragen.

Die eben erwähnten Untersuchungen über den Einfluß geistiger Tätigkeit auf den Gasstoffwechsel beweisen mit vollkommener Deutlichkeit, daß die geistige Arbeit einen physiologischen Prozess vorstellt, welcher durch bestimmte physikalisch-chemische Umwandlungen begleitet wird und einer gesteigerten Sauerstoffzufuhr zum Organismus bedarf; diese Umwandlungen sind also denjenigen in Muskeln, während ihrer Arbeit, analog.

Wahrscheinlich spielen sich diese Prozesse hauptsächlich im Gehirn, zum Teil aber auch im Rückenmark und anderen Organen ab (Blutgefäße, Muskel).

Es sprechen zugunsten dieser Annahmen mehrere Tatsachen: z. B. die außerordentlich reiche Blutversorgung des Gehirns durch Blutgefäße großen Kalibers; das augenblickliche Aufhören der geistigen Tätigkeit (Bewußtlosigkeit) bei Störung der Blutströmung in der einen Kopfschlagader; die Zunahme des Gehirnvolumens bei geistiger Tätigkeit und seine Blutfüllung; die Vasokonstriktion im ganzen Körper bei unterdrückenden und die Vasodilatation bei freudigen Emotionen (James, Lange, Weber) usw.

Die Oxydation bestimmter Stoffe im Organismus scheint also eine notwendige Bedingung der geistigen Tätigkeit zu sein, vielleicht ebenso wie Heizmaterial es für die Produktion der elektrischen Energie ist. Diese Analogie steht mit der Hypothese von Lazareff im Einklang, nach welcher die geistige Tätigkeit durch Veränderung elektrischer Spannungen begleitet werde und sogar elektrische Schwingungen im umgebenden Raume, welche der Radiotelegraphie analog sein sollten, hervorrufen könnte.

Welcher Teil des gesteigerten Gaswechsels der geistigen Arbeit selbst und welcher — anderen mit der geistigen Arbeit parallel vor sich gehenden physiologischen Prozessen zugerechnet sein sollte, werden nur weitere Untersuchungen aufzuklären imstande sein.

Letzteres hat schon, wie oben gesagt, mehr theoretisches Interesse und ist vom Standpunkt der Hygiene der geistigen Arbeit nicht sehr wichtig, da in der Praxis die intellektuelle Arbeit von anderen parallel mit ihr verlaufenden physiologischen Prozessen nicht zu trennen ist.

Aus dem hier wiedergegebenen experimentellen Tatsachenmaterial, welches sich auf den Einfluß geistiger Tätigkeit auf physiologische Prozesse bezieht, kann eine Reihe praktischer Schlüsse gezogen werden, die sowohl für die Schul- und Gewerbehygiene als auch für die Beschützung der geistigen Arbeit und ihrer Stellvertreter nicht ohne Bedeutung zu sein scheinen.

Zum Schluß möchte ich den Wunsch aussprechen, daß man der Erforschung der geistigen Tätigkeit nicht minder Aufmerksamkeit schenke, als es für die physische Arbeit getan wird und der Worte meines hochverehrten verstorbenen Lehrers Prof. Dr. F. Erismann gedenken, welcher stets die hervorragende Rolle der geistigen Arbeit und deren Repräsentanten für die Entwicklung der menschlichen Kultur zu betonten pflegte.

(Du Laboratoire de Psychologie de l'Université de Genève.
Directeur: Prof. Dr. E. Claparède)

Sur la constance des épreuves dynamométriques.

Par

Edouard Claparède.

Lorsqu'on se propose de déterminer par un test un certain caractère psychique d'un individu, on n'obtient pas toujours d'un jour à l'autre la même valeur, même si toutes les circonstances de l'expérience sont restées (apparemment) les mêmes. J'ai montré la chose pour un certain nombre de tests (mémoire, calcul, etc.)[1]. Je m'étais demandé alors quelle était, parmi toutes ces valeurs différentes, celle qui caractérisait le mieux l'individu, c'est à dire celle qui restait la plus constante.

Pour apporter une contribution à cette question, j'ai entrepris[2] un certain nombre d'épreuves avec le dynamomètre de Collin. L'expérience a porté sur 10 sujets. Chaque sujet devait presser 5 fois de suite le dynamomètre, avec chaque main. Cette double épreuve à été répétée une fois par semaine, pendant 10 semaines de suite. Pour chaque jour d'expérience et pour chaque sujet, on a noté la moyenne des 5 pressions, le médian, le maximum et le minimum. La question était de savoir laquelle de ces quatre valeurs était la plus constante au cours des 10 semaines d'expériences. Pour apprécier cette constance, on a calculé la variation moyenne de chacune d'elles. Le tableau ci-dessous reproduit les valeurs ainsi obtenues.

Si l'on examine ce tableau, on voit que les résultats obtenus ne nous permettent pas de répondre à la question que nous nous étions posée. Aucune des valeurs n'est constamment supérieure aux autres. Au total, la moyenne est la valeur qui s'est montrée la meilleure. Mais ce n'est pas le cas chez tous les sujets. Chez 6 sujets sur 10, la moyenne a été la valeur la moins variable, mais seulement pour la main droite. Pour la main gauche, 2 sujets seulement ont montré une moyenne plus constante.

Il est curieux de noter que, tandis que pour la main droite, la valeur minima a été plus constante que la maxima, c'est exactement l'inverse qui se constate pour la main gauche.

[1]) Ed. Claparède, De la constance des sujets à l'égard des tests d'aptitude, Archives de Psychologie, XVII. 1919.

[2]) Avec la collaboration de Mlle Marcelle Roud.

Sujets	Variations moyennes							
	Main droite				Main gauche			
	Moyenne	Médian	Maximum	Minimum	Moyenne	Médian	Maximum	Minimum
Wi.	1,69	1,85	1,80	**1,60**	**1,79**	1,95	2,32	1,82
Pek.	1,54	**1,50**	1,54	2,40	1,18	1,40	**1,16**	2,—
R.	1,92	1,96	2,50	**1,28**	1,20	**1,14**	1,90	**1,30**
Cl.	**2,70**	2,80	3,80	**2,70**	1,94	**1,88**	2,60	3,36
Fr.	**1,60**	1,68	2,—	2,56	**0,98**	1,56	1,28	2,—
Fe.	3,54	3,18	4,32	**3,08**	2,—	**1,82**	4,56	1,86
Heb.	**1,68**	2,06	2,24	1,84	1,24	**0,96**	1,—	1,76
Hell.	**0,86**	0,92	1,04	1,44	1,16	1,30	**1,10**	1,22
Hein.	**2,28**	2,34	2,32	2,30	1,68	1,64	1,34	2,26
Per.	**1,17**	1,77	3,28	2,57	2,33	2,90	1,80	3,20
	18,98	20,06	24,84	21,72	**15,50**	16,55	19,06	20,78

On ne voit pas non plus que la valeur à préférer dépende de l'individualité. Sauf chez un seul sujet (Fr.) la valeur la plus constante n'a jamais été la même pour les deux mains!

Ces résultats sont un peu décevants. Ils nous donnent surtout une leçon de prudence, en nous montrant combien il est difficile de saisir la valeur numérique qui est la meilleure caractéristique d'une aptitude individuelle. Au total, je le répète, c'est la moyenne qui s'est montrée la valeur la plus fidèle.

(Aus der I. Univ.-Hals-, Nasen- und Ohrenklinik, Berlin.
Vorstand: Geh. Med.-Rat Prof. Dr. Passow)

Die mechanischen Verhältnisse der Basilarmembran, im besonderen der Basalwindung, und ihre Beziehungen zu akustischen Schädigungen.

Von

Max Gießwein.

Von den Gewerbekrankheiten des Ohres beanspruchen ein besonderes physiologisches und klinisches Interesse die Schädigungen des inneren Ohres, wie sie in den mit hohen Geräuschen verbundenen, lärmenden Maschinenbetrieben zustande kommen und als berufliche (professionelle) Schwerhörigkeit bekannt sind. Klinisch besteht hierbei mehr oder weniger starke Schwerhörigkeit mit erheblichem Ausfall der hohen Töne, während die untere Tongrenze gut erhalten ist. Pathologisch-anatomisch ist die berufliche Schwerhörigkeit, wie Habermann zuerst feststellte und später Brühl sowie Zange bestätigten, durch schwere Veränderungen des Cortischen Organes und der zugehörigen Nerventeile in der untersten Schneckenwindung ausgezeichnet. Primäre entzündliche Erkrankungen des Hörnervenstammes R. cochlearis nervi acustici) lösen an sich keinen derartigen isolierten Ausfall der hohen und höchsten Töne aus, sondern nach Siebenmann und Grahe mehr eine allgemeine Herabsetzung der Empfindlichkeit für alle Töne, besonders aber auch an der unteren Tongrenze.

Die pathologisch-anatomischen sowie klinischen Beobachtungen finden noch am ehesten ihre Erklärung in der Helmholtzschen Resonanztheorie des Hörens, die sich, zumal als Arbeitshypothese, am besten von allen Hörtheorien bewährt hat. Diese lehrt ja, daß die verschieden hohen Töne von verschiedenen Teilen der Basilarmembran aufgenommen werden, derart zwar, daß die Stellen für die höheren Töne nahe der Basis der Schnecke, die für die tieferen Töne aber in den oberen Schneckenwindungen liegen.

Art und Wesen der pathologischen Veränderungen bei Schallschädigungen wurden zuerst durch die umfassenden Arbeiten Wittmaacks klargestellt, deren wesentliche Ergebnisse von Joshii, von Eicken, Hoessli u. a. bestätigt wurden. An Tieren ahmte Wittmaack als erster die akustischen Schädigungen des Innenohres nach, indem er Meerschweinchen Tönen oder Geräuschen von größerer und geringerer Stärke längere und kürzere Zeit aussetzte. Den Ablauf des pathologischen Prozesses von seinen ersten Anfängen bis zum letzten Ausgang konnte er am besten bei dauernd anhaltender Schallschädigung von nicht zu geringer Stärke verfolgen. Bei ganz ungewöhnlich heftiger, plötzlicher Schallschädigung trat manchmal eine sofortige Zertrümmerung des Cortischen Organes, wenigstens der am stärksten betroffenen Windung, ein. Bei leichten und auf längere Zeit ausgedehnten Schallschädigungen fanden sich zuweilen nur die allerersten Anfänge und leichtesten Grade des Degenerationsprozesses: Die äußeren Sinneszellen (Hörzellen) verloren ihren Haarbesatz, die Leiber der Hörzellen selbst quollen auf und büßten ihre Zellumrisse ein, das Fasergerüst des Cortischen Organes war dabei noch gut erhalten. Es handelt sich hier um einen fortschreitenden degenerativen Zerfall des peripheren Neurons des Schneckennerven, der in der äußersten Peripherie des Neurons, d. h. in der Sinnes- (Hör-) zelle, beginnt und in den Nervenfasern bis zu den Ganglienzellen des Ganglion spirale aufsteigt. Je höher im allgemeinen der Ton war, um so rascher und ausgedehnter trat die Schädigung auf. So riefen fortgesetzte Versuche mit Sirenen, die ja reichlich Obertöne enthalten, wohl Veränderungen ziemlich in allen Teilen der Basilarmembran, am stärksten aber in der Basilarwindung hervor. Auch bei relativ flächenhafter Ausbreitung des Prozesses erkrankten die unteren Windungen — Meerschweinchen besitzen ja fünf Schneckenwindungen — meist wesentlich stärker als die obersten.

Die experimentellen Versuchsergebnisse an Tieren stimmen sehr gut überein mit den von Habermann usw. im Ohr der Hammerschmiede gefundenen Veränderungen der untersten Schneckenwindung. Als Ursache für das vorzugsweise Befallenwerden der Basalwindung bei Schallschädigungen sind verschiedene Ansichten geäußert und anatomische Tatsachen ins Feld geführt worden. Im übrigen wird die unterste Schneckenwindung mit Vorliebe auch von anderen Schädlichkeiten, z. B. exogenen und endogenen Giften, befallen. In den Einschränkungen des oberen Tonbereiches erblickte Hegener ein der axialen retrobulbären Neuritis mit ihren Skotomen analoges Krankheitsbild. Brühl erklärte die leichtere Schädigung aus der Art der Gefäßversorgung, insofern die Basalwindung nur von einem Zweigast der Arteria vestibulocochlearis, die Mittel- und Spitzenwindung aber von einem Hauptast der Arteria auditiva, der Arteria cochlearis propria, versorgt würde, woraus man vielleicht eine geringere Widerstandsfähigkeit der Basalwindung gegen allgemeine Labyrinthschädigungen herleiten könnte. Nach Wittmaack besteht eine Widerstandsschwäche der Basalwindung darin, daß die Nervenfasern, dem Verlauf des Tractus spiralis foraminulentus folgend, in fächerförmiger Ausbreitung im sog. Rosenthalschen Kanal sich aufsplittern, einzeln und ungeschützt daliegen, während die für die oberen Windungen bestimmten Fasern als kompakter Stamm in den Canalis centralis modioli eintreten. Alexander zufolge nimmt die Widerstandsfähigkeit des Ganglion spirale von der Basis bis zur Spitze zu, da ja die degenerativen Veränderungen in allen

Fällen von der Basis gegen die Spitze geringer würden. Zange meint, daß aus der Umgebung eindringende Giftstoffe in stärkerer Konzentration zuerst die Basalwindung befallen und in ihrer Menge nach der Spitze hin sich vermindern.

Ohne in eine Erörterung dieser verschiedenen Anschauungen hier eintreten zu wollen, sei im folgenden eine physikalisch-physiologische Erklärung dieser Frage entwickelt [1]).

Bezüglich des histologischen Baues der Basilarmembran und ihrer Umgebung finden sich nämlich in den einzelnen Windungen, besonders in der untersten, bei näherer Betrachtung Verschiedenheiten, die auf besondere mechanische Verhältnisse hinweisen. Vom Gesichtspunkt der kausalen Morphologie und der Entwicklungsmechanik aus betrachtet, wie sie besonders von Roux und seinen Schülern begründet und weiter erforscht wurde, ist ja die äußere Gestalt und innere Struktur jedes Organes — abgesehen von den phylogenetisch erworbenen und ererbten Eigenschaften — der Ausdruck der funktionellen Beanspruchung und das Ergebnis spezifischer Reize. Ein vorzügliches Beispiel in dieser Beziehung bietet der Bälkchenbau der Knochenspongiosa des Schenkelhalses. Nicht viel anders steht es mit der statischen Struktur des Bindegewebes, wie es Roux ganz besonders an der Schwanzflosse des Delphins nachwies.

Ganz allgemein gesprochen üben mechanische Reize eine trophische Wirkung auf Gewebe aus. Mit der größeren Menge und Stärke des Reizes entfaltet sich auf dem Wege der funktionellen Selbstgestaltung eine zweckmäßige Zunahme des Gewebes, sei es als grobe Verstärkung einzelner Gewebsteile oder feinere Ausbildung einer verwickelten spezifischen Struktur. Reize sind es ja, welche das Gewebe in seiner inneren und äußeren Gestalt bilden und erhalten, wie es physiologisch und klinisch als Aktivitätshyperthrophie und Inaktivitätsatrophie zum Ausdruck kommt.

Schallwellen, mögen sie in Luft, in festen oder flüssigen Körpern auftreten, sind nun nichts anderes als periodische Molekularverschiebungen und leisten als solche mechanische Arbeit. Der Vorgang der Schallübertragung vom Trommelfell durch die Schalleitungskette und mittels der Steigbügelfußplatte durch das peri- und endolympathische System des Innenohres bis zu den Sinneshaaren des Cortischen Organes ist rein mechanischer Art, wenn auch die Bewegungen von äußerst kleinen Ausmaßen sind. Erst in den Sinnes- (Hör-) zellen selbst findet die Umsetzung der mechanischen Schallbewegung in die spezifische physiologische Nervenerregung des Hörens statt.

Zum besseren Verständnis der Beziehungen zwischen Schallerregung und anatomischer Struktur des Perzeptionsorganes seien die anatomischen Verhältnisse des Innenohres sowie Einzelheiten im histologischen Bau der Basilarmembran und ihrer Umgebung, soweit sie hier von Bedeutung sind, in Erinnerung gebracht.

---

[1]) Etwas Ähnliches ist schon von Fischer versucht worden, aber ohne ausreichende Berücksichtigung der besonderen anatomischen Verhältnisse.

Die Basilarmembran ist ein Teil, und zwar der häutige, nachgiebige Abschnitt der Schneckenscheidewand, welche die Schneckenwindungen selbst in zwei Hälften teilt, nämlich in die Scala vestibuli (Vorhofstreppe) mit dem Ductus cochlearis (Scala media oder Schneckengang) und in die Scala tympani (Paukentreppe). Entsprechend der Form der Schnecke nimmt der Querschnitt beider Skalen ziemlich gleichmäßig von der Basis nach der Spitze zu ab, in der Basalwindung ist er am größten. Der Querschnitt des Ductus cochlearis, welcher die für das Hören wichtigsten Teile enthält, bleibt hingegen in der Größe annähernd gleich, während die Form sich etwas ändert. Außer der häutigen, ziemlich festen und widerstandsfähigen Membrana basilaris besteht die Schneckenscheidewand medial (von der Schneckenspindel aus gedacht) aus einem knöchernen Teil, der Lamina spiralis ossea. In der untersten Schneckenwindung ist die Basilarmembran der Säugetiere wie auch die des Menschen am schmalsten, in der Spitzenwindung am breitesten. Nach den Messungen Hensens an einem neugeborenen Kinde, dessen Innenohr nicht mehr wesentlich wächst, beträgt ihre Gesamtbreite an der Wurzel 0,041 mm und am Hamulus, also in der Schneckenspitze, 0,495 mm. Die Breite der Membran nimmt demzufolge von der Basalwindung bis zur Spitze um das 12 fache zu. An der Wurzel des Schneckenkanals wächst sie rasch, innerhalb einer Strecke von 0,6 mm verdoppelt sie sich, weiter hinauf nimmt sie langsamer zu. Die bindegewebige Basilarmembran besteht im wesentlichen aus 3 Schichten. Die Hauptschicht bilden die sogenannten Saitenfasern oder Hörsaiten, die unverästelt, seitlich etwas zusammengedrückt sind und fast parallel, wie Saiten in einem Klavier, nebeneinanderliegen. Ihre Zahl beim Menschen wird von Retzius auf 24 000 angegeben, ihre Dicke beträgt im Durchschnitt etwa 0,0015—0,0020 mm. Während die Membrana basilaris sehr leicht in der Längsrichtung, also zwischen ihren Radialfasern, zerreißt, haben die Fasern selbst und mithin die Basilarmembran in ihrer Querrichtung einen ziemlich hohen Grad von Festigkeit. Daraus schloß Helmholtz, daß die Membran in der Richtung ihrer Länge nur schwach, in der Richtung quer von der Spindel gegen die äußere Schneckenwand verhältnismäßig sehr stark gespannt sei. Unter solchen Umständen verhält sich, wie Helmholtz mathematisch zeigte, die Membran so, als wären ihre Radialfasern ein System von gespannten Saiten, deren Querverbindung nur dazu dient, dem Druck der Flüssigkeit gegen die Saiten eine Handhabe zu geben. Die Gesetze ihrer Bewegung würden dann dieselben sein, als wäre jede einzelne dieser Saiten in ihrer Bewegung unabhängig von der anderen und folgte, jede für sich, der Einwirkung des periodisch wechselnden Druckes des Labyrinthwassers in der Scala vestibuli.

Die Saitenfasern sind allseitig in einer sehr weichen, wenn nicht gar flüssigen (Schwalbe), homogenen Masse eingebettet, die ihrerseits von zwei Gewebsplatten, einer oberen, der vestibulären, und einer unteren, der tympanalen, umschlossen wird, ganz ähnlich wie die Saiten des Klaviers oder Flügels von Holzplatten, zwischen denen sich Luft befindet. Diese homogenen Schichten oberhalb und unterhalb der Fasern sind an Dicke bei den einzelnen Tierklassen offenbar verschieden. Hensen berechnete, daß sie beim Rinde etwa 0,005—0,006 mm bei einer Faserdicke von 0,0014—0,0019 mm betragen.

Zu jedem äußeren Cortischen Pfeiler gehören 4 Saitenfasern. Nehmen wir mit Helmholtz einmal an, daß auf jeden Halbton — wenn auch nicht in allen Tonlagen — etwa 50 Cortische Pfeiler entfallen, so würden auf jeden Halbton etwa 200 Saitenfasern kommen. Beim Erklingen eines einzigen Tones würden somit der Helmholtzschen Resonanztheorie gemäß nicht eine einzelne, sondern eine größere Reihe gleichgestimmter Saitenfasern, also ein kleiner Querstreifen der Basilarmembran, zu gleicher Zeit in Schwingungen geraten.

Die Basilarmembran ist ausgespannt zwischen dem Labium tympanicum der Lamina spiralis ossea als innerer Befestigungsstelle und der Crista basilaris, des Ligamentum spirale als äußerer. Die einzelnen faserigen und homogenflüssigen Schichten der Grundmembran setzen sich nach beiden Seiten ihrer

Befestigungen mehr oder weniger deutlich auch in das benachbarte Gewebe fort. Hier findet sich beiderseits ebenfalls eine radiäre, wenn auch nicht so regelmäßige Anordnung von Bindegewebsfasern, die wohl als eine Fortsetzung der Saitenfasern anzusehen sind. Wirft man einen Blick auf die Retzius'sche Darstellung der Basilarmembran, die leider aus äußeren Gründen hier nicht abgebildet werden kann, so hat man geradezu den Eindruck, als ob die Saitenfasern in dem mächtig entwickelten Gewebe der näheren und weiteren Umgebung ihrer Anheftungsstellen gewissermaßen verankert seien — beinahe ähnlich, wie die Saiten des Klaviers mit Hilfe der Wirbel — und zwar medial in dem eigenartigen System von Furchen und Leisten (Huschkesche Gehörzähnen), den radiären Aufsätzen der Crista spiralis, und lateral in den dicken, bindegewebigen Schichten des Ligamentum spirale.

Im embryonalen Zustande hat das Polster des Ligamentum spirale ein anderes Aussehen als im späteren Leben, wo es einen sichelförmigen Querschnitt aufweist. Offenbar gewinnt es unter dem Einfluß seiner Funktion im Zusammenhang mit den anderen Gewebsteilen des Innenohres die spätere Form. In der Basalwindung ist dann das Ligamentum spirale am stärksten und nimmt allmählich nach aufwärts ab. In der Spitze der Schnecke ist es im Querschnitt schließlich nur noch eine ganze schmale bindegewebige Sichel. Bezeichnenderweise tritt bei Atrophie des Cortischen Organes zugleich eine Rückbildung des Ligamentum spirale ein.

In ähnlicher Weise nimmt auch die Lamina spiralis ossea mit dem Labium tympanicum von der untersten Windung nach der obersten Schneckenwindung zu ab, gleichfalls ferner die Huschkeschen Gehörzähne, deren Maße Kolmer beim Orang-Utan auf 0,0051 mm in der untersten Windung, auf 0,0042 mm in der mittleren und auf 0,0033 mm in der Spitzenwindung angibt. Der Querschnitt der Lamina spiralis ossea beträgt beim Menschen in der Basalwindung 0,3 mm, in der obersten Windung 0,15 mm (Henle). Auch die Dicke der Basilarmembran selbst nimmt von der Basis zur Spitze der Schnecke ab. Beim Orang-Utan und Macacus vermindert sie sich nach Kolmers Messungen von der untersten Windung zur obersten auf etwa $^1/_4$, beim Gibbon auf $^1/_8$, beim Lemur auf $^1/_5$.

Der Basilarmembran aufgelagert ist an der tympanalen Seite die sogenannte tympanale Belegschicht, die aus feinfaserigem Bindegewebe zusammengesetzt ist. Im embryonalen Leben und jugendlichen Alter ist sie kräftiger als beim Erwachsenen. Ihre Dicke ist in den einzelnen Windungen und bei den einzelnen Tiergattungen verschieden, ohne eine besondere Gesetzmäßigkeit darin erkennen zu lassen. Am Anfang der untersten Windung ist sie meist sehr dünn, bildet sich jedoch in der mittleren und oberen Windung, am stärksten und häufigsten in der mittleren, manchmal so mächtig aus, daß ihre Dicke fast die des ganzen Cortischen Organes erreicht (Kolmer).

Die vestibuläre Bedeckung der Grundmembran wird von dem einschichtigen, verwickelt gestalteten Epithel des Cortischen Organes gebildet; sie setzt sich dann in den Claudius'schen Zellen bis zum Ligamentum spirale fort. Bei den verschiedenen Säugetieren hat das Cortische Organ, insbesondere auch sein äußerer Teil, die Hensensche Zellengruppe, in den einzelnen Windungen eine verschiedene Dicke und Form. In der untersten Windung ist es am schmalsten, in der Spitzenwindung am breitesten; in der Mittelwindung erreicht es die größte Höhe und wölbt sich hier lateralwärts vor. Auf die hoch entwickelte funktionelle Struktur des Cortischen Organes, deren Kenntnis wir im wesentlichen H. Held verdanken, soll hier nicht näher eingegangen werden.

Hervorgehoben soll jedoch werden, daß die Stützfasern der Deiterschen Zellen in der Basalwindung besonders scharf ausgeprägt sind, und daß ihre Stützkelche, auf welchen die unteren Pole der äußeren Haarzellen ruhen, am Anfang der Basalwindung am deutlichsten sowie kompaktesten sind und sich dann spitzenwärts zu sogenannten Stützpolstern verflachen (Kolmer). Die Claudius'schen Zellen bedecken den verhältnismäßig dünnsten, äußersten Teil der Basilarmembran und weisen in der Basalwindung höhere, in der Mittelwindung niedrigere Zylinderzellen und in der Spitzenwindung selbst nur flache Pflasterzellen auf.

Die bisherige Betrachtung ergibt, allgemein gesprochen, also, daß die Dicke des Querschnittes der Basilarmembran in der Basalwindung am größten ist und allmählich nach der Spitze hin abnimmt. Ihre Deckschichten, die tympanale Belegschicht und das Cortische Organ, nehmen, abgesehen von den Claudius'schen Zellen, daran nicht teil. Offenbar haben sie auch schon ihrer ganzen Struktur nach keinen wesentlichen Anteil an der Festigkeit der Basilarmembran, deren Hauptschicht, die Basilarfasern, sich nach der Art einer Brücke längs der sämtlichen Schneckenwindungen vom Labium tympanicum nach dem Ligamentum spirale hinüberspannt.

Ein Vergleich der Größenverhältnisse des Cortischen Organes selbst mit der eigentlichen Basilarmembran ergibt ein anderes Verhalten seiner einzelnen Gebilde.

Retzius gibt in Bezug auf den Menschen mit seinen annähernd drei Schneckenwindungen folgende Maße an:

Gesamtbreite der Membrana basilaris	0,21	mm	Basis	0,34	mm	Mitte	0,36	mm Spitze
Zona pectinata	0,135	„	„	0,22	„	„	0,234	„ „
Äußere Pfeiler	0,062	„	„	0,1	„	„	0,103	„ „
Innere Pfeiler	0,048	„	„	0,068	„	„	0,07	„ „
Höhe der Papilla basilaris	0,039	„	„	0,06	„	„	0,064	„ „
Höhe der Hensenschen Stützzellen	0,075	„	„	0,12	„	„	0,099	„ „
Tunnelraumhöhe	0,028	„	„	0,045	„	„	0,049	„ „
Äußere Haarzellen	0,03	„	„	0,04	„	„	0,04	„ „
Kerne derselben	0,006	„	„	0,0075	„	„	0,0075	„ „
Äußere Haare	0,0045	„	„	0,006	„	„	0,008	„ „
Innere Haare	0,0045	„	„	0,0055	„	„	0,0055	„ „

Der Unterschied der Messungen Hensens und Retzius hinsichtlich der Breite der Basilarmembran erklärt sich offenbar daraus, daß nur die Schnitte Hensens von den äußersten Enden herrührten. Andernfalls würden wohl auch die vorstehenden Maße von Retzius eine entsprechende Änderung und Abstufung aufweisen. Bei den angeführten Zahlen kann es sich naturgemäß nur um relative, nicht um absolute Zahlengrößen handeln, die außerdem der Nachprüfung mit moderneren Untersuchungsmethoden und -mitteln bedürften. Postmortale Veränderungen mögen auch in den Größenverhältnissen mancher Gebilde eine Rolle spielen.

Auf alle Fälle läßt sich jedoch schon feststellen, daß die Gewebsteile des Cortischen Organes von der Basis nach der Spitze durchweg und regelmäßig, namentlich aber von der Basalwindung bis zur Mittelwindung, an Größe bedeutend zunehmen, eine Erscheinung, die zu der Unterschiedsempfindlichkeit für Tonhöhen in enger Beziehung stehen dürfte. Jedenfalls haben wir es aber um zahlenmäßig abgestufte, mechanisch-akustisch abgestimmte Größenverhältnisse der einzelnen Gebilde zueinander im großen und im kleinen, entsprechend den Forderungen der Helmholtzschen Resonanzhypothese, zu tun. In umgekehrtem Maße jedoch nimmt die Dicke der Basilarmembran und ihrer Befestigungsapparate ab. Wir werden kaum fehlgehen in der Vermutung, daß dies auf mechanischen und hydrostatischen Ursachen im peri- und endolymphatischen System sowie auf den funktionellen Reizungen beruht, denen die Basilarmembran in den einzelnen Windungen ausgesetzt ist. Die Basilarmembran als nachgiebiger Teil der Schneckenscheidewand ist ja den Beanspruchungen auf Zug und Biegung am meisten unterworfen.

Der Vorgang, der sich beim Hören abspielt, ist, mechanisch-akustisch betrachtet, nun etwa folgender. Nach dem hydrostatischen Gesetz pflanzt sich ein auf eine Flüssigkeit ausgeübter Druck in der Flüssigkeit selbst nach allen Richtungen in gleicher Stärke fort und wirkt auf die Wände eines Flüssigkeitsbehälters oder auf die Oberfläche von Gegenständen in der Flüssigkeit selbst stets in senkrechter Richtung. Dies ist auch der Fall, wenn der Steigbügel einen einzelnen Stoß ins Labyrinth ausführt. Mit der Einwärtsbewegung der Steigbügelfußplatte im ovalen Fenster wird die Reißnersche Membran in der Richtung gegen die Membrana tectoria durchgebogen und diese selbst gegen das Cortische Organ bewegt, worauf dessen Trägerin, die Basilarmembran, nach der Paukentreppe hin ausweicht. Bei der Auswärtsbewegung des Steigbügels verläuft der Vorgang in umgekehrter Richtung. Handelt es sich nun, wie bei den Tonschwingungen, um eine pendel-periodische Wiederholung solcher Stöße, so wird die Stelle, an welcher die auf die betreffende Periode abgestimmten Basilarfasern liegen, ähnlich wie die Saiten beim Klavierresonanzversuch, in Mitschwingungen geraten. Dabei werden die Bewegungen von den Saiten selbst durch die darüber gelegene homogene Schicht auf die vestibuläre Bedeckung übertragen und pflanzen sich von da auf die Cortischen Pfeiler und überhaupt auf das Cortische Organ fort. Die übrigen, auf die Periode nicht abgestimmten Abschnitte der Basilarmembran kommen dagegen äußerst schnell zur Ruhe.

Es dürfte einleuchten, daß bei verschieden hohen Tönen, gleiche Amplitude der Steigbügelbewegungen, d. h. gleiche Tonstärke, vorausgesetzt, die den höheren Tönen entsprechenden Fasern der Basilarmembran stärker durchgebogen werden als die auf tiefe Töne abgestimmten; denn es wird ja in jedem Falle zwischen der Steigbügelplatte und dem runden Fenster mit Hilfe einer entsprechenden Ausbiegung der Basilarmembran das gleiche Quantum Flüssigkeit verschoben. Dies verteilt sich bei den längeren, also tief abgestimmten Fasern, auf eine größere Strecke als bei den kürzeren, höher abgestimmten Fasern der Basilarwindung. Die unterste Windung ist damit schon unter physiologischen Bedingungen gewissen Gefahren der Überdehnung oder gar Zerreißung ausgesetzt.

Als trophisch-funktionelle Folge dieser stärkeren Inanspruchnahme, wie sie bei jedem Schallreiz als dem mechanisch wirkenden Moment stattfindet, läßt sich wohl mit größter Wahrscheinlichkeit die Verstärkung der Gewebsteile der Basilarmembran im ganzen und im einzelnen, wie die schon angeführten histologischen Einzelheiten zeigen, ansehen. Erst recht wird unter pathologischen Verhältnissen eine stärkere Beanspruchung auf Zug und Biegung, sei es durch einmaligen starken Schallreiz oder durch lang wirkende Geräusche von geringerer Stärke, zuerst und vorzugsweise in der Basalwindung einsetzen und Schädigungen ebenda auch in den Sinneszellen verursachen, was denn ja auch die tierexperimente'len Versuche zeigen. Aus gleichen Gründen muß eine übermäßige Inanspruchnahme der an sich schon sehr empfindlichen Sinneshaare und Sinneszellen stattfinden, wenn man die Art in Betracht zieht, wie Cortisches Organ und Cortische Membran bei den Schallschwingungen sich gegeneinander bewegen. Denkt man sich irgendeinen Querschnitt des Ductus cochlearis, so beschreibt die Membrana tectoria bei den Schallschwingungen um ihren Befestigungspunkt am Labium vestibulare einen Kreisbogen und ebenso die Basilarmembran an ihrem Drehpunkt am Labium tympanicum. Beide pendeln bei der Schallbewegung um die genannten Befestigungspunkte hin und her, wie beispielsweise die Zinken einer Stimmgabel um den Knotenpunkt oder eine Klaviersaite um den Wirbel, an dem sie befestigt ist. Die ganze Basilarmembran weicht alsdann nach der Paukentreppe hin aus und federt nach dem Aufhören des Stoßes in die Ruhelage zurück. Bei diesen Schwingungen verschieben sich die Berührungspunkte beider Membranen in ihrer gegenseitigen Lage zueinander hin und her, d. h. die Hörhärchen führen mit ihren Spitzen längs der Unterfläche der Deckmembran Bewegungen aus, ähnlich wie die Borsten einer Bürste, mit welcher man etwa über einen Zeugstreifen hin und her fährt. Die eigentliche Ursache für die Erregung der Hörzellen sind demnach die bei der Durchbiegung beider Membranen entstehenden Bewegungen der Hörhärchen längs der Unterfläche der Deckmembran. Eine ähnliche Auffassung hat bereits ter Kuile geäußert und durch Zeichnungen annähernd veranschaulicht.

Mit stärkerer Durchbiegung der Basilarmembran wird außer den elastischen Stützelementen des Cortischen Organes, die ebenfalls, und zwar rein mechanisch übermäßig beansprucht werden, auch die bürstenförmige Bewegung der Sinneshaare längs der Membrana tectoria ausgiebiger sein und eine übermäßige Reizung der Sinneszellen selbst mit deren Folgeerscheinungen in den anderen, dazu gehörigen Nervengebilden hervorrufen.

Auch der Umstand dürfte in diesem Zusammenhange nicht ohne Bedeutung sein, daß die Ansatzstellen der äußeren Cortischen Pfeiler bei den kurzen und hoch abgestimmten Radialfasern ungefähr in der Mitte des Basilarmembran aufsitzen, während sie bei den längeren und tief abgestimmten mehr am inneren Ende, um etwa ein Fünftel der Gesamtlänge der Fasern vom Endpunkt der Saiten entfernt, liegen. Im ersten Falle kommt für die Erregung der Pfeiler die Amplitude der Mitte der Fasern, also ihr größter Wert, zur Geltung, im zweiten Fall nur ein kleinerer Amplitudenwert, wie auch von Waetzmann besonders hervorgehoben worden ist. Vom Standpunkt der Helmholtzschen Resonanztheorie aus folgt aus diesem Verhalten, daß bei sehr hohen Tönen die Pfeiler in kräftigere Schwingungen geraten, und daß damit die von ihnen gestützten Hörzellen und Hörhaare stärkere Pendelbewegungen längs der Membrana tectoria ausführen; hierdurch würde sich naturgemäß einerseits eine größere Empfindlichkeit für höhere Töne, anderseits aber auch leichter eine Überanstrengung, also Schädigung dieser überaus zarten Gebilde, ergeben.

Daß funktionelle Reize im Cortischen Organ eine große Rolle spielen, geht auch noch aus folgenden Beobachtungen hervor. Die Ausbildung des unteren Stützfasersystems der mechanisch wichtigen Außenpfeiler und Deitersschen Zellen sowie ihrer späteren Form erfolgt erst nach der Geburt und wird dann in schnellem Wachstum erreicht. Die schräge Stellung der Deitersschen Zellen entwickelt sich, wie H. Held an verschiedenen Entwicklungsstadien des Kaninchens verfolgen konnte, ebenfalls in zunehmendem Maße erst nach der Geburt, entsprechend der Zunahme des Gehörs.

Vom Gesichtspunkt der funktionellen Selbstgestaltung läßt sich wohl auch die parallele Lagerung der Saitenfasern und die Strukturlosigkeit der sie verbindenden Zwischenschicht erklären. Der Entwicklungsgang wäre vielleicht in der Art zu denken, wie ihn Roux mit Bezug auf die äußere Gestalt und innere Struktur der Delphinschwanzflosse als des Typus eines funktionell hochentwickelten bindegewebigen Organes wahrscheinlich gemacht hat.

Wird ein Bindegewebslager, dessen Fasern zunächst noch beliebig geordnet sind, einer immer in derselben Richtung wirkenden Zugbeanspruchung unterworfen, so werden, führt Roux aus, bloß die in den Richtungen des Zuges gelegenen Fasern voll beansprucht, die abweichend davon liegenden dagegen nach dem Kosinus ihrer Richtungsabweichung weniger, so daß die senkrecht dazu stehenden Fasern gar nicht gespannt werden. Unter dieser Voraussetzung wird bei genügender Stärke des Zuges Verdickung und Vermehrung der Fasern in der Richtung des Zuges auftreten; das gleiche wird vielleicht auch noch bei schrägen, nur wenig von dieser Richtung abweichenden Fasern, aber in geringerem Maße, stattfinden; bei weiter abweichenden Fasern aber wird dies ausbleiben und die rechtwinklig orientierten Fasern werden sodann entweder direkt schwinden oder nach ihrem selbständigen physiologischen Schwund nicht wieder regeneriert werden. So erlangen schon die günstigst gelegenen Fasern ein numerisches und funktionelles Übergewicht. Da sie immer stärker als die schrägen Fasern beansprucht werden, werden sie sich immer mehr vermehren und schließlich den einwirkenden Zug allein auszuhalten vermögen. Damit sind dann auch die schrägen Fasern ganz ihrer Funktion enthoben und müssen direkt dem Schwunde anheimfallen.

Dem Prinzip der trophischen Wirkung funktioneller Reize dürfte dementsprechend auch die Anordnung und Beschaffenheit der Basilarfasern ihre Entstehung verdanken als eine der Beanspruchung auf das vollkommenste angepaßte Struktur.

Zusammenfassung:

Die besondere Dicke und Stärke der Basilarmembran und ihrer Befestigungsvorrichtungen in der Basalwindung, verglichen mit den oberen Schneckenwindungen, sowie die Verstärkung einzelner Zellelemente im Cortischen Organ deuten, entwicklungsmechanisch betrachtet, darauf hin, daß hier eine stärkere funktionelle Beanspruchung auf Biegung und Zug besteht, die in mechanischen Vorgängen beim Hören ihre Erklärung findet. Im Hinblick auf die histologischen Einzelheiten erscheint die Basilarmembran schon physiologisch in der

Basalwindung an sich mehr als anderswo gefährdet, eine Schwäche, die aber von selbst durch entsprechende Verstärkung der Gewebsteile ausgeglichen wird. Infolge einer fortgesetzten, relativen und absoluten Überbelastung der elastischen Gewebsteile der Basilarmembran und des Cortischen Organes, wie sie durch die hohen Geräusche in lärmenden Betrieben bei längerem Aufenthalt zustande kommen, entsteht eine übermäßige funktionelle Beanspruchung auch der zarten Sinneszellen und zwar vorzugsweise und zuerst in der Basalwindung. Als Folgeerscheinung tritt ein starker Verbrauch von Nervensubstanz ein, der zu dauernden Schädigungen bei ungenügendem Ersatz führen kann, ein Vorgang, der von Edinger allgemein schon als Ursache für Erkrankungen des Nervensystems angesehen wurde. Aber auch bereits unter physiologischen Bedingungen dürfte in den Gewebsteilen der untersten Schneckenwindung eine stärkere Abnutzung stattfinden, wodurch, den Erfahrungen der allgemeinen Pathologie zufolge, in der Basalwindung als der Stelle der Wahrnehmung für die höchsten Töne eine Prädisposition, ein locus minoris resistentiae, für Akustikus-Neuritiden auch anderer Entstehung, z. B. infolge von Infektionskrankheiten, Stoffwechselkrankheiten, geschaffen werden dürfte. Ebenso gehört die Altersschwerhörigkeit sicher in diesen Zusammenhang.

Literatur:

Alexander, Handb. der Neurologie des Ohres, 1924. Lit. ebendort.
Brühl, Zeitschr. f. Ohrenh. Bd. 50, 52, Berl. Klin. Wochenschr. 1920.
Edinger, Deutsch. Med. Wochenschr. 1904, 1905.
Fischer, Annalen der Phys. 25. Bd. (1908).
Grahe, Zeitschr. f. Hals-, Nasen-, Ohrenh. 6. Bd. 1923.
Habermann, Arch. f. Ohrenh. Bd. 30, 59, 69.
Hegener, Zeitschr. f. Ohrenh. Bd. 55 (1908).
Held, Abhandl. d. Sächs. Ges. Bd. 28. Math. physik. Kl. Bd. 49 (1904). Ebendort Bd. 58. Math. physik. Kl. Bd. 31 (1909).
Hössli, Zentralbl. f. Ohrenh. Bd. 11 (1913). Ebendort tierexper. Lit.
Kolmer, W. Arch. f. mikrosk. Anat. Bd. 70, 74.
Roux, Gesammelte Abhandl. üb. Entwicklungsmechanik. 1895.
Retzius, D. Gehörorgan d. Wirbeltiere. 1884.
Schwalbe, Lehrb. d. Anat. d. Sinnesorgane. 1887. Ebendort anat. Lit.
Siebenmann, Zeitschr. f. Ohrenh. Bd. 43 (1903).
Waetzmann, D. Resonanzhypothese d. Hörens. 1912.
Wittmaack, Zeitschr. f. Ohrenh. Bd. 46 (1904), Bd. 50 (1906), Bd. 54 (1907). Arch. f. Ohrenh. Bd. 99 (1916).
Zange, Mittelohrentspringende Labyrinthentzündungen. 1919. Lit. ebendort.

(Aus dem Hygienischen Institut der Universität Gießen.
Vorstand: Prof. Dr. E. Gotschlich)

Zur Frage des Zellkerns bei Bakterien.

Von

Emil Gotschlich.

Die Frage, ob auch die Bakterien, ähnlich den Zellen aller anderen ein- und mehrzelligen Organismen, eine deutliche Differenzierung ihrer Leibessubstanz in Kern und Plasma erkennen lassen oder in dieser Beziehung eine Sonderstellung einnehmen, ist bekanntlich noch immer umstritten. Die Ansichten verschiedener Forscher auf diesem Gebiete standen sich früher so unvermittelt gegenüber, daß auf der einen Seite A. Fischer, Massart, Migula die Bakterien als kernlose Gebilde ansprechen konnten, während anderseits Ružička die These vertrat, die Bakterien seien „nackte Kerne“ ohne vegetatives Plasma. Einen wesentlichen Fortschritt zur Klärung dieser Widersprüche brachte die Anwendung der Chromatinfärbungsmethode nach Romanowsky-Giemsa bei Bakterien; es ergab sich insbesondere aus den sehr sorgfältigen Studien von Zettnow über die feinere morphologische Struktur der Bakterien, daß auch diese niedersten Lebewesen mit Hilfe der genannten Färbemethode eine Differenzierung in die beiden färberisch verschiedenen Hauptbestandteile der Zelle, Chromatin und Plasma, erkennen lassen, und zwar in dem Sinne, daß in der Außenschicht des Bakterienleibes, dem sog. Ektoplasma (das überhaupt meist nur durch besondere technische Verfahren der Beizung und Färbung, z. B. bei der Darstellung der Geißeln, sichtbar gemacht werden kann) nur Plasma enthalten ist, während der Innenkörper, das Entoplasma, d. h. derjenige Teil des Bakterienleibes, der bei den gewöhnlichen Färbungen mit Anilinfarbstoffen zu Gesicht kommt, Kernsubstanz und Plasma mehr oder minder innig gemischt enthält. In meiner zusammenfassenden Darstellung der Morphologie der Bakterien in Kolle u. v. Wassermann's „Handbuch der pathogenen Mikroorganismen“ Bd. I, 1912, ging ich in der Interpretation der vorliegenden Befunde noch einen Schritt weiter und stellte den Satz auf, daß bei den Bakterien — entsprechend ihrer systematischen Stellung auf der tiefsten Stufe der Lebewesen — die Differenzierung zwischen Kern und Plasma zwar schon chemisch, aber in der Regel noch nicht morphologisch ausgeprägt sei; es kann nach den eindeutigen Ergebnissen der Färbung nach Giemsa kein Zweifel darüber obwalten, daß sie Chromatin, typisch rot gefärbt, im blauen Plasma enthalten; aber das Chromatin ist — wenigstens in der Regel — nicht wie bei den Zellen höherer Lebewesen zu einem kompakten, morphologisch wohl charakterisierten Kern verdichtet, sondern mehr oder minder regellos in Gestalt von Schollen, Körnern u. dgl. im Plasma verteilt, analog dem sog. Chromidialnetz, das wir als eine niedrigere Ausbildungsstufe des Nucleus bei manchen Protozoen finden. In diesem Sinne, in der Auffassung des Chromidialnetzes als normales Homologon des Kerns bei den Bakterien sprach sich auch Dobell aus. Über diese einfachste Differenzierung der im Plasma der Bakterienzelle locker verteilten Kernsubstanz hinaus war es nun aber in einer Anzahl von Fällen auch gelungen, mehr oder minder scharf morphologisch differenzierte Kerngebilde in Bakterien nachzuweisen (A. Meyer), wenn auch die Deutung dieser Gebilde als echter Kerne nicht immer unwidersprochen blieb (Zettnow, Zeitschr. f. Hyg. u. Infektionskrankh. Bd. 85) und auf die Möglichkeit einer andersartigen Auffassung (Reservestoffe u. dgl.) hingewiesen wurde. Im Sinne einer echten Kernnatur sprachen insbesondere solche Bilder, die als Analoga von Kernteilungsfiguren interpretiert werden konnten, sowie nachgewiesene Differenzen des Kernapparates einerseits zwischen Ruhe und Teilung der Bakterienzelle (Swellengrebel), andererseits zwischen älteren und jüngeren Keimen. Freilich kamen gerade bezüglich dieses letzteren wichtigen Punktes verschiedene Forscher zu direkt entgegengesetzten Ergebnissen; während Ambroź in jungen Bakterienzellen eine diffuse Verteilung, in älteren Zellen eine kompakte Zusammenballung des Chromatins beobachtete, konnten Douglas u. Distaso (Zentralbl. f. Bakteriologie Abt. 1 Orig.-Bd. 63 u. 64. 1912) gerade in den jüngsten Exemp'aren (bis zu 5 Stunden der Kulturentwicklung) typische Kerne nachweisen, die später in schollige und netzförmige Strukturen zerfielen, so daß diese Autoren das Chromidialnetz nicht als ein normales Homologon, sondern als eine Altersveränderung des Nukleus der Bakterienzelle ansprechen[1]). Ich versuchte nun, der Lösung des Problems auf einem anderen Wege näherzukommen; da bekanntlich die Generationsdauer, d. h. die Zeit, innerhalb welcher eine Zellteilung vollzogen wird, bei den Bakterien sehr kurz ist und u. U. bei günstigen Lebensbedingungen nur 20—30 Minuten beträgt — (bei Trypanosomen wurde ihre Dauer neuerdings von Doerr und Berger auf 7 Stunden berechnet) —, so läge die Möglichkeit nahe, daß eben wegen dieser in raschester Folge unablässig aufeinanderfolgenden Zellteilungen der Kernapparat überhaupt nie zur Ruhe komme, sondern dauernd im Zustand des Karyokinese, d. h. in einem Zustand der Verteilung des Chromatins im Plasma sich befinde. Douglas u. Distaso haben offenbar auch schon an eine solche Möglichkeit

[1]) Vgl. betr. Literatur (soweit die neueren Arbeiten hier nicht angegeben, und betr. Abbildungen [Taf. II u. III] in meiner „Allgemeinen Morphologie“ in Bd. I des Kolle-v. Wassermannschen Handbuchs. 2. Aufl. 1912).

gedacht, wenn sie sagen: „Das Chromatin scheint sich durch sein ungeheures Wachstum aufzulösen und sich darauf zu zersetzen."

Ob diese Möglichkeit wirklich zutrifft, läßt sich offenbar durch vergleichende Beobachtung der Bakterien bei verschiedenen Wachstumstemperaturen feststellen, einerseits bei einer dem Minimum möglichst nahe liegenden Temperatur, anderseits bei Brutwärme (37 ° C); im ersteren Falle müssen wir entsprechend der erheblich längeren Generationsdauer eine stärkere morphologische Differenzierung des Kernapparats erwarten als bei Brutwärme, wo sich das Chromatin entsprechend der höchsten Aktivität der Teilungsvorgänge im Zustand diffuser Verteilung im Plasma befinden wird, und bei einer mittleren Temperatur (24 °) wäre demgemäß auch ein mittlerer Verteilungszustand der Kernsubstanz zwischen den beiden soeben genannten Extremen zu erwarten.

Zu den Versuchen dienten junge Agaroberflächenkulturen folgender 6 Bakterienarten: Staphylococcus pyogenes aureus, Bac. proteus, Bact. Coli, Bac. Friedländer, Bac. subtilis und Spirillum volutans; die bei 15 ° bzw. 24 ° gehaltenen Kulturen wurden nach 24 Std. (bei Spirill. volutans entsprechend seinem langsamen Wachstum nach 48 Std.), die bei 37 ° entwickelten Kulturen nach 15 Std. untersucht. Da Spirillum volutans bei 37 ° nicht mehr wächst, so mußten, um bei ihm den Einfluß dieser Temperatur zu untersuchen, fertig bei 15 ° bzw. 24 ° ausgewachsene Kulturen nachträglich der Brutwärme auf 15 Std. ausgesetzt werden. Die Ausstriche dieser Kulturen wurden während 15 Min. in absolutem Alkohol fixiert und nachher mit Giemsalösung im Brutschrank je $^3/_4$ Std. bzw. 24 Std. gefärbt. Die Ergebnisse waren bei kürzerer u. längerer Färbedauer grundsätzlich dieselben; nur zeigte sich nach 24 Std. oft schon eine Überfärbung, während nach $^3/_4$ Stunde klarere Differenzierung bestand. Die Ergebnisse zeigt folgende Tabelle:

Kultur	Zustand der Verteilung des Chromatins bei:		
	15°	24°	37°
Staphylococc. pyog. aur.	regelmäßige Differenzierung in Doppelgebilden (ähnlich Äquatorialplatten)	weniger zahlreiche Doppelplatten, häufiger gleichmäßige Färbung	meist gleichmäßig durchgefärbt
Bac. proteus	gleichmäßig durchgefärbt	gleichmäßig durchgefärbt	gleichmäßig durchgefärbt
Bact. coli	desgl.	desgl.	desgl.
Bac. Friedländer	desgl.	desgl.	desgl.
Bac. subtilis	teils durchgefärbt, teils grob differenzierte Chromatin-Banden	mehr durchgefärbte Exemplare; in den differenzierten kleinere Körner	meist durchgefärbt
Spirill. volutans	durchweg grobe Differenzierung des Chromatins in Banden und großen Körnern	teils grobkörnig, häufiger diffus gefärbt	fast durchweg diffus gefärbt; mit einzelnen kleinen Körnchen

Das theoretisch erwartete Ergebnis trat also bei Staphylococcus, Bac. subtilis und Spirillum volutans deutlich in Erscheinung, während Bact. coli, Bac. proteus und Bac. Friedländer einen Unterschied der Chromatinverteilung bei verschiedenen Wachstumstemperaturen vermissen ließen.

Wir sehen also, daß die Dauer der Generationszeit nur bei einigen Bakterienarten die Verteilung des Chromatins im Plasma beeinflußt, während andere — unabhängig von der Vermehrungsgeschwindigkeit — stets eine diffuse Vermischung der Kernsubstanz mit dem Plasma aufweisen. Also ist die Generationsdauer für die Eigenart der Kernverhältnisse bei den Bakterien nicht als das einzige und allein ausschlaggebende Moment anzusehen; sie k a n n für manche Spezies, die offenbar schon mehr zur morphologischen Differenzierung des Kernapparates neigen, eine wichtige Rolle spielen; wesentlich ist offenbar in erster Linie der durch die niedrige Stufe der Bakterien im System der Lebewesen bedingte Zustand ihres Kernapparates, wie ich ihn schon früher in dem Sinne definiert hatte, daß wohl eine chemische Sonderung des Chromatins, meist aber noch nicht eine morphologische Ausbildung eines deutlichen Kerns vorliegt. Daß verschiedene Arten sich dabei verschieden verhalten, entspricht gleichfalls durchaus der niedrigen Organisationsstufe der Bakterien, die eine große Verschiedenheit der Spezies zuläßt.

(Material aus dem serolog. Institut im Dermatologicum von Prof. Dr. P. G. Unna, Hamburg)

Eine neue Aktivmethode der Wassermannschen Reaktion*).

Von

Rolf Griesbach.

Bevor ich auf die verschiedenen Methoden der Wa. R. mit nicht inaktiviertem Serum näher eingehe, möchte ich betonen, daß der primäre Gedanke, eine Aktivmethode zu finden, welche die bisherigen an Spezifität übertrifft, von Herrn Prof. Gotschlich, Gießen, ausgeht, unter dessen Leitung ich einige Zeit im hygienischen Institut arbeitete. Angeregt durch seine (nicht veröffentlichte) Methode, aus der ich wertvolle Anhaltspunkte für den weiteren Ausbau einer Verfeinerung der Wassermannschen Reaktion mit nicht inaktivierten Seren schöpfen konnte, fand ich, allerdings nach grundlegender Veränderung seiner Versuchsanordnung, die unten beschriebene Modifikation, die sich mir als zuverlässig und brauchbar erwies.

Den Aktivmethoden von M. Stern, Müller-Landsteiner, Hecht, Noguchi u. a. haftet der Nachteil der Fehlerquellen an, die Zeisler — fußend auf den Bestätigungen vieler Autoren — in dem Bruckschen Handbuch der Serodiagnose eingehend zu schildern und den Stab über die aktiven Methoden im allgemeinen zu brechen veranlaßt hat.

Der Hauptfehler, der im allgemeinen den Methoden mit nicht inaktivierten Seren zur Last gelegt wird, ist der, daß wir mit der unbekannten Komponente eines verschiedenen Eigenkomplementgehaltes der zu untersuchenden Seren zu rechnen haben, welche ihrerseits die Bedingung einer konstanten und zuverlässigen Dosierung des einen, bei der Reaktion mitwirkenden Reagens — des Komplementes — nicht erfüllen kann.

Diese Erscheinung tritt hauptsächlich zutage bei den Aktivmethoden von M. Stern und Hecht, da beide als Komplement lediglich das Eigenkomplement des zu untersuchenden Menschenserums verwenden.

Da nun die von Mandelbaum angeführten Ergebnisse, daß der Eigenkomplementtiter frischer Seren von Gesunden und Kranken immer

*) Ein Auszug dieser Arbeit befindet sich in Nr. 15 der Deutsch. med. Wochenschr. v. 9. April 1925.

konstant sei, von den meisten Autoren — auch Brinckmann, Kafka und Haas — einwandfrei widerlegt sind und sich durch die eigene Untersuchungstechnik Kaups als Fehler der Versuchsanordnung herausstellten, so liegt es auf der Hand, daß wir das Eigenkomplement gänzlich oder bis auf ein die Feinheit der Reaktion nicht mehr beeinträchtigendes Minimum ausschalten müssen, wenn wir auf zuverlässige Resultate Wert legen.

Aus diesem Grunde wurde in den staatlichen Bestimmungen über die Ausführung der Wa.R. von 1919 die Vorschrift festgelegt, daß das menschliche Serum nur in inaktiviertem Zustande, d. h. nach halbstündiger Erhitzung im Wasserbad auf 55—56° C untersucht werden darf.

Durch diese Inaktivierung setzen wir die Seren einem groben Eingriff in den biologischen Aufbau im allgemeinen und den kolloidchemischen im besonderen aus, der die für Lues charakteristischen Reagine und Reaktoren zum Teil zerstört und dadurch die Reaktionsfähigkeit des Serums herabsetzt.

Diese Verminderung der Reaktionsfähigkeit ist nicht etwa scheinbar, wie Kaup es an Hand großen Zahlenmaterials unter Anwendung seiner Komplementabstufungsmethode im Vergleich mit der Sternschen Modifikation zu beweisen versucht hat, sondern besteht in der Tat, wie meine nachfolgenden Untersuchungsergebnisse darlegen sollen.

Ich konnte an Hand von 2464 vergleichend untersuchter Seren mit je 3 Extrakten (also insgesamt an 7392 Einzelröhrchen) feststellen, daß meine Methode mit aktivem Serum an Feinheit der Ausschläge der präzisesten inaktiven Methode (Kaup) überlegen ist.

Das Prinzip meiner Voruntersuchungen lag darin, eine aktive Serumverdünnung experimentell ausfindig zu machen, in welcher die vorhandenen, durch Hitze nicht beeinflußten spezifischen Luesreagine und -reaktoren noch ausreichten, um mit auf sie besonders eingestellten Extrakten eine verfeinerte Reaktion zu geben, ohne daß die Spezifität durch störenden Eigenkomplement- und Normalambozeptorengehalt beeinträchtigt wurde.

Als Optimum erwies sich eine Serumverdünnung von 1 : 12,5 und eine Extraktgebrauchsdosis, welche — für jedes Extrakt gesondert — in den üblichen Antigeneinstellungen mit 10 sicher negativen und 10 sicher positiven aktiven Seren in der Verdünnung 1 : 12,5 ermittelt wurde.

Hierbei stellte sich heraus, daß cholestearinierte Normalrinder-, -pferde-, -menschen- und -meerschweinchenherzextrakte eine größere Wirkungsbreite aufwiesen, als Lues- oder Normalleberextrakte. Erstere konnten meistens in der für die Wa. R. üblichen Konzentration, oder in einer um die Hälfte größeren Verdünnung verwendet werden, während letztere eine ungefähr doppelte Verdünnung benötigten. Ich möchte an dieser Stelle gleich hervorheben, daß gute Extrakte bei der Verwendung in der Aktivmethode auf die Art ihrer Verdünnung noch feiner reagierten, wie wir es sonst gewohnt sind: fraktionierte Verdünnung gab die maximalste Ausbeute der Extrakte.

Außerdem zeigte sich häufig das interessante Phänomen, daß bei Extrakten mit Seren solcher Luesfälle, welche intensiv und lange behandelt waren, unter Zusatz von Komplement und hämol. System Hämolyse eintrat, während in der gleichen Versuchsanordnung die Negativkontrollen und die Extraktkontrolle Hemmungen aufwiesen. (Auf die Erklärung dieser Erscheinung komme ich später anderenorts zurück.)

Versuchsanordnung: Die vergleichenden Untersuchungen wurden angestellt mit der

a) Wa. R. Originalmethode bzw. der Modifikation von Kaup (Wa. R. K.) mit der inaktiven Serumverdünnung 1 : 5 und 3 verschiedenen Extrakten.

b) Aktiv-Methode (A. M. Gr.) mit der aktiven Serumverdünnung 1 : 12,5 und denselben Extrakten wie unter a), jedoch nach Ermittelung der optimalen Verdünnung.

a) und b) wegen Materialersparnis mit $^1/_4$ Dosen (also dem Gesamtvolumen von 1,25 ccm.). Beide Methoden erhielten dieselben Reagentien und verweilten gleich lange Zeit im Brutschrank. Hammelerythrocyten 1 : 20.

Von abweichenden Besonderheiten in der technischen Ausführung bei Anstellung der A. M. Gr. ist folgendes zu bemerken:

Die zu untersuchenden aktiven Sera dürfen nicht länger als 3 Tage aufbewahrt werden, da sonst sich leicht Serumhemmungen einstellen. Am besten eignet sich als Untersuchungszeit: 12—24 Stunden nach der Blutentnahme.

Auf gute und möglichst frische positive und negative Kontrollen ist besonderer Wert zu legen.

Das hämolytische System wird bei Verwendung von frischem Meerschweinchenkomplement (1 : 10) mit der vierfachen, bei Verwendung von Trockenkomplement Gans (1 : 10), welches sich in der Praxis z. T. bewährt hat, am besten mit der dreifachen Menge der im Vorversuch höchstgelösten Dosis angesetzt. Außerdem erscheint es geeignet, die antikomplementäre Wirkung eines der Extrakte jedesmal durch einen besonderen Vorversuch festzustellen.

Bei empfindlichen Extrakten dürfen die Röhrchen während des Einfüllens des hämolytischen Systems nicht zu lange außerhalb des Brutschrankes verweilen, da sonst leicht Hemmungen entstehen.

Von den Ergebnissen der unter Berücksichtigung dieser Gesichtspunkte angestellten A. M. Gr. ist hervorzuheben, daß man sie durch Zusatz eines erheblichen Komplementüberschusses im Sinne einer reziproken Kaupschen Modifikation auf das Reaktionsniveau der Original-Wa.R. bringen kann, indem man anstatt Komplement 1 : 10 eine Verdünnung von ungefähr 1 : 4 in Anwendung bringt. Umgekehrt gelingt es, mit dem austitrierten eben noch möglichen Minimum-Komplement (also mit der Wa. R. K.) in 76% der Fälle eine der A. M. Gr. ungefähr ebenbürtige spezifische Hemmung zu erhalten, in denen die Original-Wa.R. glatt löst.

Die Resultatübersicht in Zahlen und Prozenten wäre folgendermaßen:

Von 2464 Seren waren 1126 mit allen Reaktionen übereinstimmend negativ. Die restierenden 1338 Fälle fielen nach der A. M. Gr. positiv aus. In diesen Fällen konnte klinisch immer Lues nachgewiesen werden, bis auf 98 Fälle, denen weiter unten Erwähnung getan werden soll.

Anzahl der Fälle, welche mit der A. M. Gr. positiv ausfielen	Klinische Erscheinungen	Davon Wa. R. positiv	In %	Überlegenheit der A. M. Gr. in %
75	Primärstadium von 3—6 Wochen post infectionem	24	32	68
147	Sekundärerscheinungen (unbehandelt)	147	100	—
918	Lues latens und in der Behandlung (1—6 Kuren) ...	456	49	51
66	Lues tertiär (z. T. vorher behandelt)	36	54	46
10	Tabes und Paralys. (unbehandelt)	6	60	40
24	Lues congenit. (unbehandelt)	15	61	39
1240		684	59,3	40,7
	Positives Resultat nach der Wa. R. K.	1017	76	24

Es ergibt sich demnach eine Spezifität der Wa. R. mit klinisch sicherer Lues in summa in ca. 60% der Fälle (eine Zahl, welche etwas unter dem Durchschnittswert früherer Untersucher steht!), eine Überlegenheit der Kaupschen Modifikation in ca. 16%, und über diese wiederum eine Überlegenheit der A. M. Gr. in 24% der Fälle. Es sind dies — wie aus der Tabelle ersichtlich — insbesondere die primären Fälle kurze Zeit post infectionem und die behandelten Fälle.

Auf die 98 noch fehlenden Sera entfallen:

	A. M. Gr.	Wa. R.
nicht verwendbare Eigenhemmungen	18	12
Lepra	3	3
unspezifische oder klinisch unklare Fälle	77	8

mit folgender Diagnose:

Angina Plaut-Vincent 6; Impetigo, Sycosis, Furunkulose und andere Staphylokokkeninfektionen 24; Tonsillarabszesse 6; ätiologisch unklare Alopecien 3; Fälle, in denen der Ehemann angeblich syphilitisch war 9 (Wa. R. dabei immer negativ!); Aborte in frühen Monaten (ohne nachweisbare Lues) 3; klinisch o. B. (scheinbar ganz unspezifische Ausschläge) 19.

Besonders hervorzuheben wären 2 Fälle von Ulcus molle, in denen die Wa.R. schwach positiv, die A. M. Gr. immer negativ ausfiel. Ebenso verhielt es sich bei einer allgemeinen Carcinomatose mit Metastasen im Gehirn. 3 Fälle von Abortivkuren zeigten nach 2 Monaten noch schwach positive A. M. Gr., während die Wa. R. nie positiv geworden war.

Interessant ist noch die stark positive A. M. Gr. bei einer Frau, welche niemals eine positive Wa. R. aufwies; ihr Ehemann und ihr neugeborenes Kind dagegen hatten mit allen Reaktionen stark positive Ausschläge in der Wa. R.

Es wirft sich nun die Frage auf, welche Erklärung für die stärker positiven spezifischen Ausschläge der A. M. Gr. im Verhältnis zu den Methoden mit inaktivem Serum gefunden werden kann.

Daß die in jedem menschlichen Blutserum mehr oder weniger enthaltenen hammelblutlösenden Normalambozeptoren nicht in Betracht gezogen werden können, beweist die Tatsache, daß ihre Quantität unabhängig von irgendeiner Erkrankung (vor allem auch Lues) ist, und daß sie qualitativ durch den Inaktivierungsprozeß nicht wesentlich beeinflußt werden. Der zu berücksichtigende Einfluß der Normalambozeptoren kommt demnach bei einer der Methoden mit inaktivem Serum (vgl. Schwarz) in gleicher Wirkungshöhe zum Ausdruck als bei der A. M. Gr., zumal da diese mit der hohen Serumverdünnung von 1 : 12,5 arbeitet.

Es sind vielmehr wohl zum größten Teil die in ihrer vollen Wirksamkeit erhalten gebliebenen, eingangs erwähnten spezifischen Luesreagine und -reaktoren, welche die Erscheinung der stärkeren Ausbeute an positivem Material bei der A. M. Gr. auslösen, doch ist andererseits der Umstand ins Auge zu fassen, daß die geringe, in der Serumverdünnung 1 : 12,5 enthaltene Komplementmenge ebenfalls einen Bruchteil zu einer spezifischen Reaktionsveränderung beitragen kann. Ich sage spezifisch, weil ich durch eigene Untersuchungen die einwandfreien Ergebnisse von Bickel, Cori und Radnitz, Eicke und Mascher und Shaw, daß der Komplementgehalt in luetischen Seren stark herabgesetzt ist, bestätigen konnte. Es fehlt dadurch schon normalerweise in luetischen Seren ein lytischer Faktor, im Gegensatz zu nicht luetischen Seren, deren lösende Eigenschaft durch das vorhandene Eigenkomplement noch erhöht wird. Natürlicherweise ist die Eigenkomplementkomponente in der hohen Serumverdünnung so gering, daß sie die Spezifität der Reaktion nicht sonderlich beeinflußt, doch ist sie immer noch Grund genug dafür, daß unspezifische Hemmungen etwas häufiger sind wie bei den inaktiven Methoden.

Es soll daher die A. M. Gr. niemals als alleinige Reaktion zur Diagnose der Lues verwendet werden, sondern nur den Zweck erfüllen, wertvolle Richtlinien, insbesondere bei primären und behandelten Fällen, für das therapeutische Vorgehen zu geben.

Die Frage, ob bei der Serodiagnose der Syphilis zugunsten der Spezifität im positiven Sinne möglichst viele negative, oder auf Kosten einer gewissen Spezifität mehr positive Reaktionsresultate zu erhalten angestrebt werden soll, ist strittig, und muß meines Erachtens zugunsten von letzterem entschieden werden, soweit die dadurch eingetretene Unspezifität in den Grenzen der Beurteilung bleiben kann!

Diese Beurteilungsfähigkeit bleibt erhalten bei Anstellung der A. M. Gr. parallel der Wa. R. Beide Reaktionen sind im gleichen Maße nichtspezifisch, jedoch charakteristisch für die Lues.

Das Charakteristikum bei der A. M. Gr. dokumentiert sich vor allem in der größeren Intensität der Hämolysehemmung bei latenter Lues. In Fällen während der Behandlung ist es möglich, durch quantitative Beurteilung der Reaktion den therapeutischen Handlungen maßgebende Direktiven zu erteilen. Diese Erfahrungen stehen im Widerspruch mit den Ansichten Kapsenbergs und Poehlmanns, die (allerdings der Original-Wa. R.) den praktischen Wert einer quantitativen Beurteilung einer Positivität absprechen. Wir können doch in den meisten Fällen genau beobachten, wie eine komplette Hemmung unter der Therapie langsam und gleichmäßig zur Lösung führt; warum soll ein Wiederauftreten der Hemmung und der Grad der Hemmung nach beendeten Kuren nicht zur Beurteilung der zeitlichen Intervallabkürzungen bzw. der Dosishöhe einer folgenden Therapie herangezogen werden können? Daß es häufig nicht möglich ist, selbst durch die energischste Behandlung ein negatives Resultat zu erreichen, ist jedem Therapeuten bekannt, doch sollte es mit allen Mitteln versucht werden; dies gilt auch für die A. M. Gr. Der Effekt zeigt sich in der Spätlatenz: Die Reaktion ist bei schlecht behandelten Patienten durchgehends weit stärker positiv als bei gut behandelten. Nachträglich bei vernachlässigten Fällen eine negative A. M. Gr. zu erhalten, ist schwierig und selten, dagegen gelingt es durch früh eingeleitete Abortivkuren bei Primäraffektionen meistens.

In diesen negativen Ausschlägen der A. M. Gr. bei richtig angewendeter Technik liegt die hauptsächlichste Bedeutung der Reaktion:

> Während auf der einen Seite heute allgemein feststeht, daß eine in gewissen Intervallen wiederholt konstatierte komplette Hämolysenhemmung bei der Wa. R. (unter Ausschaltung der Infektionsmöglichkeit einer der bekannten nicht luetischen Affektionen mit positiver Wa. R.) auch ohne anamnestische oder klinische Anhaltspunkte als beweisend für Lues anzusprechen ist, und eine negative Wa. R. Lues nicht ausschließt, glaube ich andererseits diese These im umgekehrtem Sinne für die A. M. Gr. aufstellen zu dürfen: Während eine positive A. M. Gr. ohne anamnestische oder klinische Anhaltspunkte nicht unbedingt beweisend für eine syphilitische Erkrankung ist, muß Lues auf Grund einer in größeren Zeitabständen wiederholt konstatierten kompletten Hämolyse bei der A. M. Gr. mit Sicherheit ausgeschlossen werden.

Sollte diese Behauptung, die sich mir durch das Ergebnis meiner Untersuchungen, keine einzige komplette Hämolyse bei dem geringsten Anhalt auf Lues erhalten zu haben, aufdrängte, durch kritische Hände späterer Nachuntersucher bestätigt werden, so dürfte der A. M. Gr. eine Bedeutung zukommen, welche insbesondere in sozialer Hinsicht nicht zu unterschätzen wäre.

Literatur:

Bickel, Münch. med. Wochenschr. Nr. 15, S. 804, 1912.
Brinkmann, Zentralbl. f. Bakteriol., Abtlg. I Orig.-Bd. 87, 1921.
Bruck, Handb. d. Serodiagn. d. Syphilis, Verlag Springer, Berlin 1924.
Cori u. Radnitz, Zeitschr. f. Immunit. u. exper. Ther. Orig.-Bd. 29, S. 445, 1920.
Eicke u. Mascher, ebenda Orig.-Bd. 26, H. 6.
Kafka u. Haas, Med. Klin., Nr. 50, 1916.
Kapsenberg, Münch. med. Wochenschr. Nr. 2, 1919.
Kaup, Arch. f. Hygiene. Bd. 87, H. 1—5, 1917.
Mandelbaum, Münch. med. Wochenschr. S. 1038, 1916.
Poehlmann, Die Technik d. Wa. R. u. S. G. R., München 1921.
Schwarz, Deutsch. med. Wochenschr. Nr. 20, 1924.
Shaw, Brit. med. Journ. Nr. 3056 v. 26. 7. 1919.

(Aus der mediz. Abteilung des Instituts für Körperkultur d. Univ. Gießen. Vorstand: Prof. Dr. O. Huntemüller)

Der Einfluß des Alkohols auf die Körperleistung*).

Von

Otto Huntemüller.

Die Ansichten über den Einfluß des Alkoholgenusses auf die Körperleistung haben sich im Laufe der Jahre sehr geändert. Früher war man von der nährenden und kräftigenden Wirkung der alkoholischen Getränke fest überzeugt und schrieb allgemein dem Alkohol in besonderem Maße die Fähigkeit zu, die körperliche Leistungsfähigkeit zu steigern. So erhielt man, wenn man z. B. einem Münchener Arbeiter seinen großen Bierkonsum vorhielt, die ständige Antwort: „Ich muß aber auch schwer arbeiten". Er glaubte eben im Alkohol eine besondere Kraftquelle zu besitzen, die Leib und Seele zusammenhalte und den abgearbeiteten Körper zu vermehrter Arbeit antriebe. Die Arbeitgeber geben daher bei besonders angreifender und langdauernder Arbeit geistige Getränke zum besten.

Ja vielfach war und ist es leider heute noch Brauch, ein bestimmtes Quantum Alkohol als Naturalleistung im Arbeitslohn zu verabreichen, je nach der Gegend in Gestalt von Bier, Wein oder Schnaps. So erhielt z. B. früher in München nicht nur der Brauknecht sein Deputat von 5 Maß, d. h. 5 l Bier oder mehr am Tage, auch das Dienstmädchen hatte Anrecht auf ihre tägliche Maß. In Wein- und Obstgegenden wurde und wird heute noch Wein oder Obstwein verabreicht und in den nördlichen und östlichen Gegenden unseres Vaterlandes Branntwein oder Schnaps. Besonders auf den deutschen Schiffen ist die Schnapsration ein fester Bestandteil der Heuer, jedes Heizers und Kohlentrimmers. Ich erinnere mich noch deutlich an eine Beobachtung, die ich auf einem deutschen Mittelmeerdampfer machte. Der Mannschaft gehörten nur wenig Deutsche an, und besonders die Heizer waren Italiener, Griechen oder Spanier bis auf den Oberheizer, der sich, da die Südländer keinen Schnaps tranken, deren Schnapsration mit zu Gemüte führte, in seinem Rausche den Anordnungen des Obermaschinisten nicht Folge leistete und von diesem wegen seines Zustandes aus dem Dienst geschickt wurde. Dadurch wieder etwas nüchtern geworden, denn Subordinations-

*) Vortrag im Rahmen eines Sammelkollegs über die Alkoholfrage, W.-S. 1924/25.

vergehen auf See werden schwer bestraft, meldete er sich krank und wurde daraufhin von mir untersucht. Ich konnte außer seinem Rausch eine deutliche Vergrößerung der Herzdämpfung feststellen. Als der Betreffende etwa 14 Tage später in Genua vom Konsulatsgericht zu 14 Tagen strengem Arrest verurteilt, von mir auf seine Arrestfähigkeit untersucht wurde, ließ sich eine Vergrößerung des Herzens nicht mehr nachweisen. Prof. Moritz hat derartige Herzvergrößerung bei akuter Alkoholvergiftung beschrieben.

Wie diese Ansicht von der kräftespendenden Wirkung des Alkohols zustande kam, ist aus dem experimentell erhobenen Befunden unschwer erklärt. Denn durch den Alkohol werden vor allem die psychischen Hemmungen aufgehoben, und es kommt zu einer Erregung des nervösen Apparates. Infolge der Alkoholwirkung ist daher die zentrale Auslösung der Bewegungen erleichtert, ja, es zeigt sich ein starker Bewegungsdrang und ein subjektiv gesteigertes Kraftgefühl, das aber der objektiven Nachprüfung nicht standhält und nach einiger Zeit stärkerer Erschlaffung Platz macht. Auf diese erregende Wirkung des Alkohols, die die Hemmungen aufhebt, ist auch das Mutantrinken zurückzuführen. Unter dem Einfluß des Alkohols erscheinen die Gefahren geringer, die Arbeit leichter, die Strapazen erträglicher, das gesteigerte Selbstgefühl läßt selbst schier unüberwindliche Hindernisse als gering erscheinen. Daher wurden auch während des letzten Krieges besonders bei den Franzosen vor dem Angriff geistige Getränke verabreicht, um die Truppe leichter aus den Gräben heraus an den Feind zu bringen. Dabei war man sich an vorgesetzter Stelle jedenfalls wohl bewußt, daß hierdurch keine Steigerung der körperlichen Leistungsfähigkeit zu erreichen war, denn gerade die Beobachtungen, die man in den verschiedenen Kriegen machte, haben den Glauben von der stärkenden Wirkung des Alkohols zuerst erschüttert und gerade das Gegenteil erwiesen.

Schon Larrey berichtete 1798 während des Napoleonischen Feldzuges in Ägypten über die schädlichen Einwirkungen der geistigen Getränke auf die Franzosen und den günstigen Einfluß des Weinverbotes bei den Mohammedanern. Beim Rückzug der Franzosen im Jahre 1812 aus Rußland unterlagen die Soldaten, die dem Alkohol frönten, am frühesten den gemeinsamen Einwirkungen der Strapazen und der Kälte, denn auch das angenehme Wärmegefühl, das der Alkoholgenuß bewirkt, beruht nicht auf Steigerung der Körperwärme, sondern vielmehr auf gesteigerter Wärmeabgabe durch die Haut, also auch hier wieder das gerade Gegenteil von der subjektiven Auffassung. Durch die Alkoholwirkung erweitern sich nämlich die Hautgefäße und das Blut strömt aus dem Körperinnern an die Peripherie und wird hier stark abgekühlt. Um die Körperwärme zu erhalten, muß daher im Körper mehr Wärme erzeugt werden, d. h. ein regerer Stoffwechsel einsetzen, als ohne Alkoholeinfluß nötig war. Es wird also mit den Energien, die dem Körper zur Verfügung stehen, sehr verschwenderisch umgegangen und weit mehr gebraucht, als der Alkohol an Nahrungswerten zugeführt hat.

Ebenso unrationell und noch viel schädlicher wirkt der Alkoholgenuß im heißen Klima. Hier werden an Herz und Gefäßsystem besonders hohe Anforderungen gestellt; der Alkohol ist aber ein Herzgift, das haben die Untersuchungen von Bollinger in München zur Genüge bewiesen, so daß darüber selbst in Laienkreisen kein Zweifel mehr herrscht. Trotzdem glaubte man den Alkohol in den Tropen nicht entbehren zu können. Ich habe oftmals zu hören bekommen, daß Whisky gesund für die Nieren sei. Der Whisky, d. h. der Alkoholkonsum, ist denn auch in den Tropen ein sehr großer, und auf sein Konto kommen mehr Krankheits- und Todesfälle als auf die Einwirkung des heißen Klimas, das eben erst durch den Alkoholgenuß unerträglich wird und zu jeder körperlichen Arbeit unfähig macht. Ich habe in der größten Hitze zu Fuß und zu Pferde die anstrengendsten Touren gemacht, obwohl die dort ansässigen Europäer es für unmöglich erklärten, und habe gerade während des Krieges wieder beobachten können, was Türken und Araber, denen der Alkoholgenuß durch den Koran verboten ist, in der größten Hitze leisten konnten.

Auch die Engländer haben in ihren Kriegen besonders in den Tropen die Beobachtung gemacht, daß die Teetotaler, d. h. die Leute, die nur Tee und keinen Alkohol trinken, die meiste Ausdauer zeigen und am wenigsten erkranken. Im Aschantikriege 1877 z. B. hatten die enthaltsamen Soldaten nicht nur geringere Sterblichkeit, sondern ertrugen auch die Strapazen leichter und besser als die anderen Mannschaften, die an den Marschtagen Rum erhielten. Als nach einiger Zeit der Rumvorrat ausging, zeigte sich aber, wie General Wolseley berichtet, daß auch die übrigen Soldaten durchweg widerstandsfähiger und ausdauernder waren als vorher. Im Feldzug gegen Arabi Pascha ließ Wolseley, um sich über die Wirkung des Alkohols ein endgültiges Urteil zu bilden, abwechslungsweise einzelnen Bataillonen Alkohol verabreichen, anderen nicht. Das Ergebnis war stets dasselbe. Anfangs schienen zwar die unter Alkoholeinfluß stehenden Truppen überlegen, bald aber änderte sich das Verhältnis, indem die Truppen, die keinen Alkohol erhalten hatten, sich frischer, lebhafter und leistungsfähiger zeigten. Auch in einem bayerischen Regimente ist vor Jahren ein ähnlicher Versuch gemacht worden, indem zwei von drei Kompanien vor dem Marsche geistige Getränke erhielten, die dritte aber nicht. Am Schlusse der Übung zeigte sich, daß die beiden ersten Kompanien 20 bzw. 22 Marschunfähige hatten, während die dritte nur einen einzigen Marschunfähigen aufwies. Hierzu kommt noch die Wirkung des Alkohols auf die Schießleistung, die für militärische Zwecke auch berücksichtigt werden muß. Durch den Alkoholgenuß leidet die Koordination der Bewegung, d. h. das richtige Zusammenspiel der Muskeln. Kräpelin fand in einem Gruppenversuch an bayerischen Soldaten nach Alkoholgaben von 40 g ein Herabgehen der Treffsicherheit um 10%. Da diese Versuche vor dem Kriege gemacht wurden, so sind diese Leute an Alkoholgenuß gewöhnt und von den $1^1/_2$ Maß Bier, die sie erhalten hatten, keineswegs berauscht gewesen. Was das militärische Training betrifft, so betont Generalarzt Dr. Leitersdörfer in seiner Schrift „Das militärische Training“ (Stuttgart 1892), daß die auf alkoholischem Wege erzeugte Muskelenergie für Dauerleistungen, wie sie das militärische Training erzeugen will, nicht nur überflüssig und wertlos, sondern geradezu verderblich ist.

Auch in der Industrie hat man ganz ähnliche Erfahrungen machen können. Ein amerikanischer Gewerbetreibender teilte seine Arbeiter in zwei gleichwertige Gruppen von 20 Personen, die eine vollständig gleiche Nahrung erhielten, wobei die eine aber eine bestimmte Menge Wein und Bier, die andere ausschließlich Wasser zu trinken bekam. In den ersten Tagen brachte die trinkende Gruppe etwas mehr zustande, am fünften standen beide gleich; vom sechsten aber bis zum zwanzigsten Tage, dem Ende des Versuchs, waren die Wassertrinker bedeutend im Vorteil.

Der englische Forscher Carpenter berichtet über folgenden Fall. Bei einem großen Ziegelfabrikanten in Uxbridge arbeiteten zwei Abteilungen, von denen die eine sich während des ganzen Jahres aller geistigen Getränke enthielt, während die andere mäßig Bier trank. Am Ende des Jahres hatten die Biertrinker auf den Kopf 760269 Ziegel, die Enthaltsamen 795400, also 35131, d. h. etwa 23 % Ziegel mehr gefertigt.

Wie schon oben erwähnt, beeinflußt der Alkoholgenuß insonderheit das genaue Zusammenarbeiten der Muskeln und das logische Denken, er wirkt daher besonders schädigend bei Arbeiten, bei denen es auf große Sorgfalt, scharfe Auffassung und Beobachtung der Einzelheiten, auf Feinheit und Genauigkeit der Ausführung ankommt. Es ist daher leicht ersichtlich, daß Präzisionsarbeiten (Metalldreher-, Drechsler-, Monteur- usw.-Arbeiten) unter Alkoholeinfluß noch viel stärker leiden als grobe Arbeiten, zu denen es bloßer Kraftanstrengung bedarf. So wurde im Laboratorium von Kräpelin in München die Leistungsfähigkeit eines Schriftsetzers nach Aufnahme von 36 g Alkohol in Form eines griechischen Weines ($^1/_5$ l) geprüft. Die Zahl der gesetzten Schriftzeichen ging darauf um 15 % zurück, überdies stieg die Fehlerzahl, eine Erfahrung, die sich in Buchdruckereien oft am Montag nach den sonntäglichen Ausschreitungen sehr bemerklich macht. Auch beim Schreiben mit der Schreibmaschine steigerte sich schon nach kleinen Alkoholgaben die Zahl der Schreibfehler ganz deutlich, ohne daß es der Versuchsperson zum Bewußtsein kam, wie Prof. Fränken in Halle feststellen konnte.

Soviel von den angewandten Leibesübungen. Ich komme jetzt zu den sportlichen Übungen, die ja die beste Gelegenheit geben, den Einfluß des Alkohols auf die Leistungsfähigkeit des Körpers zu studieren. Denn die sportlichen Höchstleistungen werden genau gemessen und gestatten so eine genaue Kontrolle über die Alkoholwirkung.

Auch in England, dem Lande des Sports, war früher allgemein die Ansicht von der leistungssteigernden Wirkung des Alkohols verbreitet, und der englische Trainer verabreichte seinen Schutzbefohlenen daher regelmäßig Alkohol (s. Tab. 1). Ja selbst Rennpferden gab man vielfach vor dem Rennen eine Flasche Champagner zu saufen, ein Mittel, das später als Dumping in Verruf geriet.

Tabelle I:

Trainingkost in England

Regatta-Training des Fleischergesellen J. G. durch M. Symes nach Lagrange

1. Mahlzeit: Hammelkotelett od. Beefsteak, Kresse, wenig trockenes od. geröstetes Brot, 1/2 Kanne Tee mit Milch u. Zucker.

2. Mahlzeit: 1/2 Stunde vorher 1 Glas Portwein od. 1/4 Flasche altes Ale, gebratenes Ochsen- od. mageres Hammelfleisch, grünes Gemüse, wenig altes Brot 3/4 Flasche altes Ale.

3. Mahlzeit: 1/2 Kanne Tee, trockenes od. geröstetes Brot, 2 rohe Eier im Tee od. 2 sehr weichgekochte Eier.

4. Mahlzeit: Ein Stück trockenes Brot u. 1/2 Flasche altes Ale.

Alkohol: tägl. 1 1/2 Flaschen Ale, etwa 60 g Alkohol.

Aber der moderne Sport, der immer mehr international geworden ist, hat diese falsche Ansicht vollkommen widerlegen können, und der echte Sportsmann ist heute der eifrigste Verfechter und Vorkämpfer der Abstinenzbewegung. Sie wissen, daß es verpönt ist und mit schweren Strafen belegt wird, wenn jemand während des Trainings Alkohol genießt, und so ist die zeitweise Disqualifizierung von Sportlern häufig auf die Übertretung des Alkoholverbotes zurückzuführen. Während des Trainings wird auch sexuelle Abstinenz und Rauchverbot durchgeführt, denn das Nikotin wirkt ebenso wie der Alkohol insonderheit auf die Herztätigkeit und beeinträchtigt daher ganz bedeutend die körperliche Leistungsfähigkeit, eine Tatsache, die unseren Sportsleuten leider vielfach noch nicht allgemein zum Bewußtsein gekommen ist.

Dagegen ist die Schädlichkeit des Alkohols hinsichtlich der Körperleistung gerade durch den Sport allgemein bekannt geworden und in die weitesten Volkskreise gedrungen.

Bei uns in Deutschland stehen wir ja noch im Beginn der Sportbewegung, und auch die Wissenschaft hat sich eigentlich erst seit dem Kriege etwas genauer mit der sportlichen Leistungsfähigkeit beschäftigt.

Ich bringe Ihnen daher zunächst Beobachtungen, die in der Schweiz bei sportärztlichen Untersuchungen an Wettschwimmern gemacht sind. Hier zeigte sich das Nikotin in seiner schädlichen Wirkung dem Alkohol sogar überlegen.

In der Siegerreihe stehen 22 Abstinenten 15 Alkoholgenießern und 29 Nichtraucher 8 Rauchern gegenüber. In der Verliererreihe ist es gerade umgekehrt, indem für beide Genußmittel 2/3 Genießer auf 1/3 Abstinenten fallen. Noch deutlicher wird der Unterschied, wenn die beiden Ersten den beiden Letzten gegenübergestellt werden. Unter den ersten Siegern befinden sich sieben Abstinenten und drei Alkoholfreunde, unter den letzten fünf Abstinenten und fünf Alkoholgenießer, noch deutlicher ist dieser Unterschied beim Nikotin: an der Spitze der Siegerreihe stehen neun Nichtraucher und 1 Raucher, unter den Letzten finden sich acht Raucher gegenüber zwei Nichtrauchern. Man muß hierbei berücksichtigen, daß es sich hier nicht um Alkoholgenuß kurz vor der Leistung handelt, sondern am Tage des Wettschwimmens wird auch der Alkoholfreund auf seinen gewohnten Trunk verzichtet haben.

Aber auch der Glaube von der anregenden Wirkung gleich nach dem Genuß kleiner Alkoholmengen scheint nach den neueren Untersuchungen der Kritik nicht standzuhalten.

Der Sportarzt Dr. Herxheimer hat die Wirkung kleiner Alkoholmengen vor der Übung auf die Leistungsfähigkeit geprüft und ist zu dem Ergebnis gekommen, daß auch die früher angenommene leistungssteigernde Wirkung gleich nach dem Alkoholgenuß nicht vorhanden ist. Damit wäre auch der letzte Vorzug des Alkohols, den man bisher noch annehmen zu müssen glaubte, als ein Irrtum erwiesen (s. Tab. 2).

Tabelle II:

Alkohol und sportliche Leistung

nach H. Herxheimer, Spandau

Von 31 gut durchgebildeten Schupoleuten, deren Höchst- (H.-L.) und Durchschnittsleistungen (D.-L.) bekannt waren, erhielt ein Teil 4—6 Min. vor der Prüfung 7 g 96%igen Alkohol, der andere einen Scheintrank.

Versuch I—V: 100-m-Lauf

Versuch I am 18. VIII. 1921

Mit	Alkohol	0,27	Sek.	schlechter	als	H.-L.
„	„	0,22	„	„	„	D.-L.
Ohne	„	0,25	„	„	„	H.-L.
„	„	0,14	„	„	„	D.-L.

Versuch II am 22. VIII. 1921

Mit	Alkohol	0,38	Sek.	schlechter	als	H.-L.
„	„	0,21	„	„	„	D.-L.
Ohne	„	0,08	„	„	„	H.-L.
„	„	0,01	„	besser	„	D.-L.

Versuch III am 23. VIII. 1921

Mit	Alkohol	0,34	Sek.	schlechter	als	H.-L.
„	„	0,09	„	„	„	D.-L.
Ohne	„	0,04	„	„	„	H.-L.
„	„	0,08	„	besser	„	D.-L.

Versuch IV am 24. VIII. 1921

Mit	Alkohol	0,81	Sek.	schlechter	als	H.-L.
„	„	0,64	„	„	„	D.-L.
Ohne	„	0,59	„	„	„	H.-L.
„	„	0,40	„	„	„	D.-L.

Versuch V am 25. VIII. 1921

Mit	Alkohol	0,70	Sek.	schlechter	als	H.-L.
„	„	0,48	„	„	„	D.-L.
Ohne	„	0,65	„	„	„	H.-L.
„	„	0,41	„	„	„	D.-L.

Versuch VI und VII: 100-m-Schwimmen

Versuch VI am 28. XI. 1921

Mit Alkohol	2,75	Sek.	schlechter	als	H.-L.
„ „	0,8	„	besser	„	D.-L.
Ohne „	2,3	„	schlechter	„	H.-L.
„ „	1,9	„	besser	„	D.-L.

Versuch VII am 5. XII. 1921

Mit Alkohol	4,0	Sek.	schlechter	als	H.-L.
„ „	1,2	„	„	„	D.-L.
Ohne „	2,5	„	„	„	H.-L.
„ „	0,02	„	„	„	D.-L.

Wie sehr sich der Glaube an die Wirkung des Alkohols und daher der Alkoholverbrauch gerade auf sportlichem Gebiete geändert hat, dafür möchte ich folgendes Beispiel anführen, das diesen Umschlag grell beleuchtet. Früher wurden von der Alkoholindustrie von Brauern, Wirten in Vergnügungsparks usw. Sportplätze und Rennbahnen auf eigene Kosten angelegt, um die durstigen Sportsleute möglichst herbeizuziehen und den Alkoholkonsum zu heben; so wurde auch in Gießen von der Bichlerschen Brauerei die Radrennbahn a. d. Hardt geschaffen. Nach dem Kriege hat sich die bayerische Alkoholindustrie gegen die Anlage von Sportplätzen eingesetzt, da hierdurch angeblich zu viel nutzbringendes Ackerland der landwirtschaftlichen Nutzung entzogen würde.

Meine Herren und Damen! Wenn wir in Deutschland auch noch nicht so weit sind wie in Amerika, England, Finnland, Schweden und Norwegen, wo der Sportsmann völlig oder doch so gut wie abstinent ist, so gibt es doch auch in Deutschland kaum einen ernst zu nehmenden Sportverband mehr, der nicht für seine Jugendlichen (d. h. bis zu 18 Jahren) unbedingtes Alkoholverbot auf dem Sportplatze, auf dem Wege vom und zum Sportplatz und auf sportlichen Reisen vorschreibt.

Zu der Erziehung unserer Jugend zur Enthaltsamkeit, zur Freude an einfacher Lebensweise und harmlosem Zeitvertreib sind gerade die Leibesübungen treibenden Vereine berufen, und sie sollten schon aus diesem Grunde mehr wie bisher von der Kommune und vom Staat unterstützt werden. In erster Linie sollte aber endlich einmal unsere Schule ihre Pflicht auf diesem Gebiete erfüllen und unserer heranwachsenden Jugend nicht nur geistiges Wissen vermitteln, sondern sie erziehen zu kräftigen, gesunden Menschen und selbständigen charakterfesten Persönlichkeiten!

Selbstzucht, nicht Selbstsucht! muß unsere Jugend von früh auf lernen. Selbstzucht besonders gegenüber den Genußmitteln, die keinen oder doch nur geringen Nährwert besitzen, dagegen nur Schaden stiften für Leib und Seele.

In früher Jugend müssen wir anfangen, wenn wir unser Volk der Rauchgifte entwöhnen wollen. Die moderne Jugendbewegung kommt diesem Bestreben ja selbst entgegen und verpönt den Alkoholgenuß, da sie frei sein und den Alkoholteufel keine Macht über sich gewinnen lassen will. So können wir die Hoffnung hegen, daß die Abstinenzbewegung auch bei uns immer weitere Kreise ziehen und der Alkoholmißbrauch durch gesetzliche Maßnahmen verhindert wird.

Literatur:

Herxheimer, Zur Wirkung des Alkohols auf die sportliche Leistung. Münch. med. Wochenschr. 1922, Nr. 5.
Hoppe, Erhöht der Alkohol die Leistungsfähigkeit des Menschen. Auf der Wacht (Verlag), Berlin-Dahlem 1923.
Hug, O. (Zürich), Über sportärztliche Untersuchungen an Schwimmern. Monatsschr.: Die Körpererziehung. I. Bd. P. Haupt, Bern 1923.
Lagrange, F., Physiologie der Leibesübungen. Übertragen von L. Kuhlenbeck. Eugen Diederichs, Jena 1912.
Wlassak, R., Der Alkoholismus. Im Handb. d. Hygiene von Rubner, Gruber u. Fischer. Bd. IV. 3. Abt. S. Hirzel, Leipzig 1923.

(Aus der dermatologischen Praxis von Dr. Fritz Jacoby in Magdeburg)

Urtikaria nach einer Magenoperation.

Von

Fritz Jacoby.

Am 29. 11. 24 erschien der Patient B. K. in meiner Sprechstunde, welcher vor 6 Wochen eine Operation wegen Magengeschwürs durchgemacht hatte. Er gab an, unmittelbar nach der Operation mit juckenden Erscheinungen insbesondere auf Brust, Gesicht und Kopf erkrankt zu sein.

Patient ist 38 Jahre alt, verheiratet, hat zwei gesunde Kinder, Ehefrau keine Fehlgeburten, Lungenkrankheiten nicht in der Familie, desgleichen keine Nervenkrankheiten. Patient hat keine Nachtschweiße. Körpergewicht 126 Pfund, Körpergröße 1,67 m.

Befund: Auf der Brust, weniger im Gesicht und auf dem Kopfe, kleine, flache, juckende, über das Hautniveau hervorragende, pathologische Bildungen von gelblich-brauner Farbe in verschiedener bis Pfennigstückgröße, teilweise konisch, meist flach. Die Begrenzung der Bildungen gegen die gesunde Haut ist teils rund, teils polygonal. Der Rand, insbesondere der flachen und größeren Bildungen, fällt ziemlich steil ab und ruft ein plateauartiges Bild hervor. Mechanische Reizung der papulösen Stellen ließ diese nur wenig stärker hervortreten. Dermographismus nicht besonders auffallend. Zunge nicht belegt, Rachen ohne Besonderheiten. Halsdrüsen, Schilddrüse, Ellenbogenbeugen und Leistendrüsen ohne Befund. Stuhlgang normal. Urin frei von: Zucker, Eiweiß, Eiter, Blut und Gallenfarbstoffen. Blutpräparat: keine besondere Vermehrung der weißen Blutkörperchen.

Ein 14tägiger Versuch mit Calcium chloratum in großen Mengen war erfolglos. In der Annahme, daß hier die Urtikaria eine Reaktion von innersekretorischen Vorgängen bzw. von Kolloiden oder deren Mangel sei, erhielt Patient Thymoglandol per os. Nun erfolgte prompt die Rückbildung der papulösen, quaddelartigen, juckenden Erscheinungen, bis auf geringe Überreste.

Hatte 1911 Linser Normalserum bei Urtikaria erfolgreich angewendet und alsdann Luithlen ausgedehnte Untersuchungen über die Einwirkung von Kolloiden und die Veränderung der Hautreaktionen angestellt, so wurden in den folgenden Jahren mit Proteinkörpern mehrfach therapeutische Versuche bei Dermatosen ausgeführt, die auch auf innersekretorischer Störung und kolloiden Einflüssen beruhen können. Hat sich doch gezeigt, daß durch Einwirkung kolloider Stoffe beispielsweise bei Seifensiedern, Kerzenfabrikarbeitern nach Aufnahme feinster, in der Luft schwebenden Tröpfchen von Seifensudelauge und Fettsäuren usw. Ulcus ventriculi und Karzinom entstehen kann. Genau wie man auf Teerpinselung der Haut bei Tieren karzinomatöse Wucherung zu erzeugen vermag, ist es verständlich, daß durch chemische Reizung der Magenschleimhaut auf derselben ähnliche Vorgänge erzielt werden. Griesbach hat durch Verfütterung von Seifenlösung Geschwulstbildung der Magenschleimhaut hervorgerufen. Umgekehrt handelt es sich in dem von mir beobachteten Falle wohl nicht zuerst um eine chemische Reizung, sondern es ist anzunehmen, daß durch die Operation ein mechanischer Vorgang ausgelöst wurde, der die Erscheinungen einer Urtikaria interna hervorrief. Der Vorgang wäre vielleicht in der Durchschneidung eines kolloidführenden Chylusgefäßes in der Nähe des Pankreas oder dergleichen zu suchen, möglicherweise wäre auch an einen vom vegetativen Nervensystem hergeleiteten Reiz oder dessen Ausfall zu denken, welcher durch Naht bzw. Einknotung, also Abtrennung eines Nervenastes hervorgerufen sein könnte. Die Ursache ist vielleicht ähnlich derjenigen, welche gelegentlich im Anschluß an mechanische Reizung der Harnröhre bei Männern beobachtet wurde. Die Urticaria interna könnte demnach: a) auf chemischer, b) auf physikalischer Ätiologie beruhen.

Nach H. Mautner, Kl. W. 1922, Ref. D. m. W. pag. 1687 wird die Urtikariaquaddel durch Venenkontraktion während einer anaphylaktischen oder idiosynkratischen Reaktion gebildet. Die Unabhängigkeit der Urtikaria von entzündlichen Hautprozessen führen Jadassohn und Rothe (Ref. D. m. W. 1914, pag. 662, Nr. 13, Pathogenese der Urtikaria) aus. Im Gegensatze zu den Hautentzündungen wird der Prozeß durch einen Reiz nicht gesteigert. Es wird eine Empfindlichkeitserhöhung des Hautgewebes angenommen. Als Begleiterscheinung der Scarlatina schildert A. Soncek (Ref. D. m. W. 1921, pag. 1352, W. m. W., Nr. 38) die Urtikaria bei Kindern. Daß hier innersekretorische Einflüsse einwirken, ist naheliegend, wie wir es ja bei Leukämie und Diabetes wissen. Nach Bolten (Tijdschr. voor Geneech Nr. 30, 1919, Ref. D. m. W. 1919, pag. 84) ist Urtikaria ein Symptom von Hypotonie des vegetativen Nervensystems primär oder sekundär durch Hypothyreoidie entstanden, was nach meinen Beobachtungen hier sehr wahrscheinlich ist.

(Aus dem Hygienischen Institut der Universität Gießen.
Vorstand: Prof. Dr. E. Gotschlich)

Über den Nachweis von Tuberkelbazillen im Urin. durch den Tierversuch bei Nierentuberkulose.

Von

Heinz Kliewe.

Zum sicheren Nachweis von Tukerkelbazillen im Urin bedienen wir uns des Tierversuches, da einerseits durch die mikroskopische Untersuchung eine sichere Differenzierung der Tuberkelbazillen von anderen säurefesten Bazillen nicht möglich ist, anderseits der Tierversuch am Meerschweinchen ein so feines Reagens darstellt, daß schon wenige Keime genügen, um ein positives Ergebnis zu erzielen. Für die Klärung der klinischen Diagnose besteht zwar in der langen Dauer des Versuchs ein Nachteil. Fehlen deutlich fühlbare Drüsenanschwellungen, so ist das Tier kaum vor zwei bis drei Monaten zu töten. Dieser Zeitraum genügt allerdings in den meisten Fällen, selbst wenn nur wenige oder in ihrer Virulenz geschädigte Keime zur Injektion kamen. Alle Verfahren, die darauf hinausgingen, dem Kliniker ein schnelleres Resultat zu liefern, wie Injektion von Alttuberkulin (Ebright), Injektion des Materials in die Leber und Milz (Oppenheimer) oder in die Mesenterialvenen (Noguès), Quetschung der Inguinaldrüsen zwecks Herabsetzung des örtlichen Widerstandes gegenüber der tuberkulösen Infektion (Bloch) usw., haben zwar die Dauer des Tierversuches verkürzen können, aber die Beurteilung der Befunde bereitete oft Schwierigkeiten, so daß diese Verfahren wieder aufgegeben wurden. Wir bedienen uns beim Tierversuch der allgemein üblichen Subkutanmethode. Dem Tiere werden 2—3 ccm vom zentrifugierten Urin subkutan in die Inguinalgegend nach vorherigem Quetschen der regionären Drüsen injiziert. Enthält der Urin noch andere Keime, so werden diese zunächst durch Antiformin abgetötet, dann nach Neutralisierung des Chlors mit $\frac{n}{50}$ Thiosulfatlösung injiziert. Frühestens 8 Wochen nach der Impfung wurden die Tiere getötet, die Organe im direkten Ausstrich und nach Antiforminanreicherung untersucht; in zweifelhaften Fällen auch histologisch. Im ganzen wurden in der Zeit vom 1. Febr. 21 bis 1. Nov. 24 im hiesigen Hygienischen Institut 75 Tierversuche angestellt, davon fielen 60=80% negativ, 12=16% positiv und 3=4% zweifelhaft aus.

Der pathologisch-anatomische Befund bei den positiv ausgefallenen Versuchen bot nicht immer deutlich zutage tretende tuberkulöse Organveränderungen, sondern in 6 Fällen = 50% beobachteten wir nur Vergrößerung der inguinalen, portalen und Mesenterialdrüsen, während die anderen Organe, Milz, Leber, Lungen usw., mikroskopisch keinerlei Veränderungen aufwiesen. Auch war nicht immer eine Gewichtsabnahme, mehreremal sogar eine beträchtliche Zunahme zu konstatieren. Die Tuberkelbazillen in den vergrößerten Drüsen dieser letzten 6 Fälle wurden fast niemals durch direkten Drüsenausstrich, sondern nur nach Antiforminanreicherung nachgewiesen.

Die anderen 6 positiven Fälle sollen, weil eindeutig, hier nicht näher erörtert werden. Vielmehr interessieren uns folgende, für den Kliniker und Bakteriologen wichtigen Fragestellungen:

1. Kommt es vor, daß der Tierversuch negativ ausfällt, während die klinische Diagnose bei dem Kranken „sichere Nierentuberkulose" lautete?

2. War der Tierversuch positiv, hingegen der klinische Befund am Patienten negativ?

3. Besteht die Möglichkeit, daß ein negativer Tierversuch durch spontane Heilung des Tieres verursacht ist bei klinisch sicherer Nierentuberkulose?

Es ist eine bekannte Tatsache, daß die klinischen Erscheinungen bei der Nieren- und Blasentuberkulose oft so gering sind, daß daraus ohne weiteres die Diagnose nicht gestellt werden kann, anderseits können Erkrankungen des Urogenitaltraktus unter den schwersten Veränderungen verlaufen, ohne daß dieselben tuberkulöser Natur sind. In beiden Fällen ist deshalb zur Sicherstellung der Diagnose und für die Therapie der Tierversuch unerläßlich. Ist dieser nun ein so feines Reagens, daß die Diagnose nach Ablauf desselben in jedem Falle gesichert ist? Betrachten wir das vorliegende Material, so können wir diese Frage nicht mit einem sicheren Ja beantworten. Unter unseren Patienten befanden sich 6, die klinisch an einwandfreier Nierentuberkulose litten. 5 derselben hatten zugleich tuberkulöse Lungenveränderungen, z. T. II. und III. Grades. Die Frage, ob die Nierentuberkulose ihren Ursprung in einer Lungentuberkulose hat oder ob die sekundäre Infektion vom Urogenitaltraktus aszendierend erfolgt ist, soll hier nicht weiter besprochen werden. Das so häufige Zusammentreffen von Nieren- und Lungentuberkulose rechtfertigt die Annahme, daß ein Zusammenhang zwischen beiden Erkrankungen besteht. Auch wird die Möglichkeit einer primären Nierentuberkulose, ohne daß sich irgendwo im Organismus tuberkulöse Herde nachweisen lassen, nicht mehr bestritten, nachdem nachgewiesen wurde, daß Tuberkelbazillen in die Blutbahn gelangen können, ohne an der Eintrittspforte tuberkulöse Veränderungen zu setzen. Betrachten wir das klinische Bild der 6 Fälle, so sehen wir meist starke Veränderungen der Blase: Schleimhaut diffus gerötet, mit Fibrinflocken oder Eiter belegt, verdächtige Knötchen, Balkenblase, Umgebung der Ureterenmündung ödematös geschwollen und injiziert usw. Daß der verdächtige Urin mehr oder weniger große Mengen zelliger Elemente enthielt, Leukozyten, Erythrozyten, Epithelzellen, bedarf kaum der Erwähnung, da diese sich auch bei nicht tuberkulösen Nieren- oder Blasenerkrankungen finden. Die Verimpfung des Urins dieser 6 Patienten auf Meerschweinchen hatte erstaunlicherweise ein völlig negatives Ergebnis, und doch bestand an der tuberkulösen Natur des Leidens kein Zweifel. Als Erklärung dieser eigenartigen Tatsache läßt sich folgendes anführen. Entweder war der tuberkulöse Herd in der kranken Niere vollkommen abgeschlossen, so daß keine Tuberkelbazillen ausgeschieden wurden, oder die Ausscheidung erfolgte nur zeitweise. Diese Tatsache stützt sich auch durch die Beobachtung, daß bei wiederholten mikroskopischen Untersuchungen einmal Tuberkelbazillen gefunden werden, ein anderes Mal nicht. Auch der Fall 33 kann in diesem Sinne gedeutet werden. Klinisch bestand Verdacht auf Tuberkulose der linken Niere. Der angestellte Tierversuch ergab ein positives Ergebnis. Zwei weitere Tierversuche mit dem linken Ureterenurin derselben Patientin hatten jedoch ein negatives Ergebnis. Weber glaubt, daß es sich in solchen Fällen um in Heilung begriffene handele. Wenn der tuberkulöse Prozeß in Heilung übergehe, so werden die Tuberkelbazillen allmählich absterben und ihre Zahl wird zu einer gewissen Zeit so gering sein, daß von einer größeren Anzahl geimpfter Tiere nur das eine odere andere tuberkulös erkrankt. In unserem Falle trifft diese Ansicht sicher nicht zu, da bei dem Patienten durch Kliniksbehandlung keine Besserung eingetreten war. Wir sind vielmehr berechtigt, eine intermittierende Ausscheidung von Tuberkelbazillen anzunehmen. Ähnliche Beobachtungen machen wir ja auch z. B. bei der Lungentuberkulose. Bei der geschlossenen Form werden wir keine Bazillen nachweisen können; sobald aber durch irgendwelche Einflüsse, wie z. B. Katarrhe, die Tuberkulose zur offenen wird, können Bazillen gefunden werden. Bei Typhusbazillenträgern verhält es sich ähnlich. Es wechseln Zeiten mit reichlichem Bazillennachweis im Stuhl mit solchen, wo keine gefunden werden. Die Ausscheidung aus der Gallenblase erfolgt nicht kontinuierlich, sondern schubweise. In gleicher Weise haben wir uns die intermittierende Ausscheidung der Tuberkelbazillen aus den Nieren zu denken. Mit dieser Tatsache rechnen wir ja in praxi schon insofern, als für die mikroskopische Untersuchung der in 24 Stunden gesammelte Urin verwendet wird. Diese Methode kann allerdings aus naheliegenden Gründen beim Ureterenurin keine Anwendung finden.

Abgesehen von der soeben gegebenen Erklärungsweise, kann der negative Ausfall des Tierversuches bei klinisch positiver Nierentuberkulose seinen Grund haben in der von Selter angegebenen Beobachtung, daß eine minimale Dosis von ganz vereinzelten Tuberkelbazillen zwar das Meerschweinchen infiziert und erkranken läßt, daß aber das Tier wieder gesundet, so daß beim Abschluß des Tierversuches sich keinerlei tuberkulöse Veränderungen an den Organen mehr nachweisen lassen.

Überblicken wir kurz die mitgeteilten Befunde, so muß die Antwort auf die erste Fragestellung: Kommt es vor, daß der Tierversuch mit auf Tuberkelbazillen verdächtigem Urin bei klinisch nachgewiesener Nierentuberkulose negativ ausfällt, lauten: Nach unseren Befunden versagte der Tierversuch in sechs Fällen = 8% der Gesamtzahl.

Nach Beantwortung der ersten Frage drängt sich einem unwillkürlich die entgegengesetzte zweite auf: Kommt es vor, daß der Tierversuch positiv ausfällt, während sich der Verdacht Nierentuberkulose nicht bestätigt hat? Zwei unserer Krankheitsgeschichten sollen diese Frage beantworten. Die klinische Diagnose der ersten Patientin (33) lautete: Verdacht auf Uteruskarzinom und Nierensteine. Über den Lungen wurde ein geringer krankhafter Befund erhoben. Im Urin beider Ureteren fanden sich ganz vereinzelte Leukozyten und Epithelien. Kein Albumen. Der rechte Ureterenurin war kulturell steril, aus dem linken konnten einmal Staphylokokken gezüchtet werden. Das zystoskopische Bild der Blase bot nichts Besonderes. Der Tierversuch mit dem rechten Ureterenurin fiel zweimal negativ aus, mit dem linken Ureterenurin einmal positiv und zweimal negativ. In dem positiven Falle war das Tier nach 6 Wochen getötet worden, in den geschwollenen Leistendrüsen ließen sich durch Antiforminanreicherung Tuberkelbazillen nachweisen. Patient wurde nach konservativer Behandlung als gebessert aus der Klinik entlassen. Ein Jahr später war Patientin nochmals in Klinikbehandlung wegen blutigen Ausflusses. Von seiten der Nieren wurden keine Beschwerden mehr geäußert. In diesem Falle können wir mit großer Wahrscheinlichkeit annehmen, daß keine Nierentuberkulose bestand, trotzdem der Tierversuch einmal positiv war. Wie erklärt sich dieser Befund? Die Möglichkeit einer akzidentellen Infektion des Tieres (Wildbolz) ist eine sehr fernliegende, wie schon R. Koch betont hat; ebenso unwahrscheinlich ist die Annahme, daß, wenn die Impfstelle durch Quetschung besonders empfänglich gemacht wird, zufällig zur Zeit der Impfung im Blute des Tieres kreisende Tuberkelbazillen eine manifest werdende tuberkulöse Infektion bewirken. Woher sollten diese im Blute angenommenen Tuberkelbazillen kommen? Wenn von der Haut oder aus der Umgebung der Tiere, dann mußte man öfters spontane Tuberkulose beim Meerschweinchen beobachten. Beim Menschen ist das zeitweise Auftreten von Tuberkelbazillen im Blute verständlicher, wenn man bedenkt, wie oft der Mensch einer Infektion mit Tuberkelbazillen ausgesetzt ist, wofür wiederum spricht, daß fast jeder erwachsene Mensch abgekapselte tuberkulöse Herde in der Lunge hat. Nun wissen wir aber, daß das Erscheinen von Tuberkelbazillen, ebenso wie bei andern Mikroorganismen, im Blute nicht sogleich eine Bazillämie bedeutet und metastatische Herde gebildet werden, sondern die Bazillen können aus dem Blute in den Urin übergehen. Voraussetzung ist jedoch, daß das Parenchym der Niere durch irgendwelche entzündlichen Prozesse oder, wie in unserem Falle 33, durch Steinbildung geschädigt ist. Nach Ritter und Sturm kann das Übertreten von Tuberkelbazillen durch Nieren erfolgen, die nach unseren Begriffen gesundes Gewebe haben und normalen Urin sezernieren. So beobachtete Wildbolz einen Fall von tuberkulöser Bazillurie ebenfalls bei einer Steinniere. Der Tierversuch war positiv, im mikroskopischen

Präparat vom Urinsediment fanden sich niemals Tuberkelbazillen. Bei der Operation ließen sich weder an der Niere noch am Ureter tuberkulöse Veränderungen nachweisen. Nach Entfernung der Nierenbeckensteine klärte sich der vorher eitrige Urin in wenigen Wochen. Die erneut angestellten Tierversuche nach $^1/_2$ und $1^1/_2$ Jahren ergaben ein negatives Ergebnis. Auch an sonstigen Organen des Kranken konnten keine tuberkulösen Veränderungen nachgewiesen werden. Ob nicht doch eine beginnende Lungentuberkulose oder ein latenter Herd in den Hals-, Bronchial- oder Mesenterialdrüsen vorlag, ist mitunter schwer zu entscheiden. Daß eine tuberkulöse Bazillurie bei Kranken mit schwerer Lungenphthise vorkommt, ist einwandfrei bewiesen. Ritter und Sturm konnten auch den Nachweis bringen, daß selbst im Anfangsstadium Bazillen durch die Nieren ausgeschieden werden, Voraussetzung ist jedoch immer eine, wenn auch nur mikroskopisch kleinste Läsion des Nierenparenchyms. Bei unserer Patientin (33) wurde auch über den Lungen ein krankhafter Befund erhoben, zudem bestand Verdacht auf Nierensteine, so daß wir annehmen dürfen, daß der einmalige positive Tierbefund durch eine tuberkulöse Bazillurie bedingt war.

Bei der zweiten hier in Frage kommenden Patientin (12) handelte es sich um Verdacht auf Nierentuberkulose mit Lungentuberkulose I. Grades. Im rechten Ureterenurin konnten einmal durch Färbemethode Tuberkelbazillen nachgewiesen werden. Im Originalpräparat fanden sich reichlich Leukozyten und Epithelien. Im linken Ureterenurin konnten ebenfalls reichlich Leukozyten und Epithelien, aber keine Tuberkelbazillen nachgewiesen werden. Aus dem Blasenurin wurden wiederholt Staphylokokken gezüchtet. Die Zystoskopie ergab: Schleimhaut blaß, die Gegend um die Ureterenmündung normal, nur rechts etwas verstrichen. Aus dem linken Ureter floß klarer Urin ab, desgleichen anfangs aus dem rechten Ureter, später kamen Eiterwolken. Das mit dem rechten Ureterurin geimpfte Tier wurde nach 7 Wochen getötet, es fanden sich zwar geschwollene Mesenterialdrüsen, doch wurden mikroskopisch nach Antiforminanreicherung und histologisch nichts auf Tuberkulose Verdächtiges gefunden. Wie bereits erwähnt, wurden im Sediment des rechten Ureters einmal Tuberkelbazillen nachgewiesen. Die exstirpierte Niere zeigte aber keine pathologischen Veränderungen. In diesem Falle handelte es sich wahrscheinlich um eine tuberkulöse Bazillurie (es bestand Lungentuberkulose I. Grades). Anderseits mag die Möglichkeit zugegeben werden, daß es sich in diesem Falle um Smegmabazillen gehandelt hat, obgleich, da es sich um Katheterurin handelte, diese Annahme sehr unwahrscheinlich ist. Der zweifelhafte Ausfall der Tierversuche in den Fällen 25 u. 46 (Inguinal- und Mesenterialdrüsen geschwollen, ohne daß sich darin Tuberkelbazillen fanden) kann ebenfalls dahin gedeutet werden, daß eine tuberkulöse Bazillurie bestand, zumal pathologische Lungenveränderungen nachgewiesen wurden und das klinische Bild von gynäkologischen Erkrankungen beherrscht war.

Ziehen wir aus diesen Fällen die Schlußfolgerung für die eingangs gestellte zweite Frage, so müssen wir sagen: In einem Falle (33) war der Tierversuch sicher positiv, in den Fällen 12, 25 und 46 zweifelhaft, ohne daß sich die klinische Diagnose Nierentuberkulose rechtfertigen ließ. Bei zu einseitiger Beurteilung des positiven Tierversuches können deshalb diagnostische Irrtümer unterlaufen.

Die Ergebnisse unserer bisherigen Befunde lauten dahin, daß einerseits der Tierversuch bei klinisch nachgewiesener Nierentuberkulose negativ ausfallen kann und anderseits, daß vor einer zu weitgehenden Beurteilung eines einzigen positiven Tierbefundes gewarnt werden muß. Für die Erklärung beider Tatsachen wurden mehrere Gründe angegeben. Es bliebe noch übrig, die von Selter gemachten Befunde auf unsere Fälle anzuwenden. Bei seinen umfangreichen Versuchen über Immunitätsverhältnisse bei Meerschweinchentuberkulose konnte er nachweisen, daß Meerschweinchen nach Injektion geringer Mengen oder in ihrer Virulenz abgeschwächter Tuberkelbazillen völlig gesund blieben; auch führte im Falle der Erkrankung die Injektion nicht immer zu starken Veränderungen im tierischen Organismus. Vielmehr heilten die tuberkulösen Herde im Laufe der Beobachtungszeit wieder aus, so daß bei der Tötung des Tieres keinerlei tuberkulöse Veränderungen gefunden wurden. Einen strikten Beweis, daß diese Erklärung von Selter für unsere negativ verlaufenen Tierversuche zutrifft, können wir freilich nicht erbringen. Bei dem ev. in Frage kommenden Falle 2 handelte es sich um eine Zystitis und Nierentuberkulose mit krankhaftem Lungenbefund. Das zystoskopische Bild der Blase zeigte im ganzen gerötete Schleimhaut, massenhafte Fibrinflocken, rechts vom Trigonum kraterförmige, eiterabsondernde Eindellung (tuberkulöse Ulzeration ?), deutliche Balkenblasenbildung. Im Sediment beider Ureteren wurden im mikroskopischen Bild säurefeste Stäbchen nachgewiesen. Der Tierversuch fiel in beiden Fällen negativ aus. Jedoch zeigten die Tiere geringe Gewichtsabnahme, welche die Vermutung nahelegt, daß die Tiere erkrankt waren, ob tuberkulös oder an einer anderen Krankheit, ist nicht zu entscheiden. Ein anderer von uns beobachteter sicherer Blasentuberkulosefall (13) mit positivem Bazillenbefund im Sediment bei vollkommen negativem Tierversuch und ohne daß das Tier erkrankt war, könnte ebenfalls im obigen Sinne gedeutet werden. Mit gleichem Rechte kann aber auch in dem letzten Falle als Erklärung gelten, daß wegen der intermittierenden Ausscheidung der verimpfte Urin überhaupt keine Tuberkelbazillen enthielt, so daß das Tier auch nicht erkranken konnte. Jedenfalls mahnen uns auch die Befunde von Selter, bei negativem Tierversuch nicht ohne weiteres die Diagnose Nierentuberkulose auszuschließen und, wie wir vorher ausführten, kann auch der positive Ausfall des Tierversuches zu Trugschlüssen führen. Deshalb bedarf der Ausfall des Versuches, ob im positiven oder negativen Sinne, der Kontrolle durch andere klinische oder bakteriologische Untersuchungsmethoden. Ebenfalls ist zu verwerfen, wollte man allein aus dem mikroskopischen Nachweis der Tuberkelbazillen im Sediment eine bestimmte Diagnose und Therapie folgern. Wir beobachteten zwar zwei Fälle (14 u. 39), bei denen sich im Sediment des rechten Ureterenurins massenhaft säurefeste Stäbchen in typischer Lagerung fanden, und wo die vorgenommene Exstirpation der kranken Niere die tuberkulöse Natur des Leidens bestätigte; in einem anderen Falle (12) ließen sich jedoch keinerlei tuberkulöse Veränderungen an der Niere oder am Ureter nachweisen. Die Exstirpation einer Niere sollte deshalb nur vorgenommen werden, wenn bei Verdacht auf Nierentuberkulose der Tierversuch wenigstens zweimal mit dem Urin desselben Patienten, zu verschiedenen Zeiten entnommen, mit dem mikroskopischen und klinischen Bild übereinstimmend ausfällt.

Die von unserem Gesamtmaterial übrigbleibenden 54 Fälle = 71% von verdächtiger Nieren- oder Blasentuberkulose mit negativem Bazillenbefund und Tierversuch boten keine Besonderheiten, so daß ihre nähere Besprechung unterbleiben kann. Sämtliche Fälle konnten nach konservativer Behandlung als geheilt aus der Klinik entlassen werden, und wie in Erfahrung gebracht wurde, haben sich in der Folgezeit auch keinerlei Verdachtsmomente für eine Nierentuberkulose ergeben.

Fassen wir die Ergebnisse der Befunde bei den 75 beobachteten Fällen von Verdacht auf Nieren- und Blasentuberkulose kurz zusammen, so können wir sagen: In 60 Fällen war der Tierversuch negativ, davon war in 54 Fällen die klinische Diagnose gleichfalls endgültig negativ (sämtliche Patienten wurden als geheilt aus der Klinik entlassen).

In 6 Fällen dagegen versagte der Tierversuch, wo die klinische Diagnose Nierentuberkulose aufrechterhalten wurde. Operation wurde jedoch nicht gemacht. Patienten wurden ungeheilt entlassen.

In 12 Fällen war der Tierversuch positiv, davon wurden in 6 die Tuberkelbazillen auch im Präparat nachgewiesen, in den übrigbleibenden 6 Fällen war der Tierversuch allein positiv; in 7 anderen Fällen wurden Tuberkelbazillen nur mikroskopisch im Sediment gefunden.

Operiert wurden 7 Fälle und die Diagnose Nierentuberkulose bestätigt.

2 Fälle wurden klinisch bzw. operativ nicht bestätigt. Die endgültige Diagnose konnte in den anderen Fällen nicht gestellt werden, da die Patienten die Klinik nicht wieder aufsuchten. Dreimal hatte der Tierversuch ein zweifelhaftes Ergebnis bei zweifelhaftem klinischen und negativem bakteriologischen Befund. Die Fälle kamen nicht zur Operation. —

2 weitere in unserer Statistik nicht enthaltene Fälle wurden beobachtet, wo der Tierversuch positiv ausfiel, bei nicht tuberkulöser Erkrankung der Nieren, es handelte sich, wie Huntemüller nachwies, um Streptotricheen.

Schlußfolgerung:

1. In 90% der Fälle war der Tierversuch übereinstimmend mit der endgültigen klinischen Diagnose negativ; in 10% versagte der Tierversuch (Erklärung: entweder intermittierende Ausscheidung oder nach Selter vgl. oben S. 6).

2. Unter den Fällen mit positivem Ausfall des Tierversuchs bestand in 84% Übereinstimmung mit der klinischen Diagnose, während

in 16% für den positiven bakteriologischen Befund keine Unterlage in Gestalt einer tuberkulösen Erkrankung der Nierenwege gefunden werden konnte. Wahrscheinlich lautet die Erklärung: Tuberkulose-Bazillurie, d. h. Ausscheidung von im Blute zirkulierenden Tuberkelbazillen durch geringe Nierengewebeschädigungen.

Literatur:

Bloch, Ebright, Noguès, Oppenheimer, Ritter u. Sturm zitiert nach Wildbolz, Neue Deutsche Chirurgie, Bd. VI. 1913.
Huntemüller, Beitr. z. path. Anatom. u. allgem. Pathol., Bd. 69.
Selter, Zeitschr. f. Hyg. u. Infektkr. 95. 2.
Weber, Münch. med. Wochenschr. 7. 1908.
Wildbolz, Neue Deutsche Chirurgie, Bd. VI. 1913.

(Aus dem Bayrischen Staatsministerium für soziale Fürsorge, München)

Die industrielle Nachtarbeit.

Von

Franz Koelsch.

Der nächtliche Schlaf ist die Hauptquelle der Erholung von des Tages Mühen:

„Das Bad, das schwerer Arbeitsmüh' Erquickung bringt,
Der Balsam, der die wunde Seele heilt,
Der zweite Gang der mächtigen Natur,
Der Hauptemährer bei des Lebens Mahl . . . . ."
(Shakespeare)

Seele und Körper bedürfen des Schlafes für gut $^1/_3$ der Lebenszeit, und zwar in der Anordnung des regelmäßigen Wechsels. Das nächtliche Schlafbedürfnis zeigt erhebliche individuelle Unterschiede nach Dauer und Tiefe; es schwankt beim gesunden Erwachsenen zwischen 4 und 11 Stunden. Die Nichteinhaltung des individuellen Schlafminimums führt mit der Zeit zu bedenklichen Gesundheitsstörungen. Eine längere Entwöhnung vom Nachtschlaf ist überhaupt unmöglich. Je länger der Schlaf, desto günstiger die Erholung und die Schonung des Organismus, insbesondere des Nervensystems und des Kreislaufs. Daraus erhellt ohne weiteres die gesundheitliche und wirtschaftliche Bedeutung des ausreichenden Nachtschlafes; dieser gibt erst die Möglichkeit, den Körper zu schonen und damit im wirtschaftlichen Kampfe auszuhalten.

Was die physiologischen Grundlagen des Schlafes und die tatsächlich bestehenden innigen Wechselbeziehungen zwischen Körperfunktionen und Nachtschlaf betrifft, so befinden wir uns wohl erst am Anfange des Wissens. Beim normalen Schlaf tritt zuerst eine Art Dämmerungszustand ein, eine Herabsetzung des Schwellenwertes aller Sinnesempfindungen. Dann erfolgt der eigentliche Schlaf mit Herabsetzung aller körperlichen Funktionen und Aufhebung des aktiven Wollens. Der Nachtschlaf erreicht meist nach 2—3 Stunden seine größte Tiefe. Die normale Schlaftiefenkurve zeigt demgemäß kurz vor Mitternacht den größten Ausschlag, um dann rasch sich zu senken; ein zweiter, weniger hoher Ausschlag tritt noch in den ersten Morgenstunden ein, dem nach kurzem Abfall das Erwachen folgt. Der Tagschlaf weist viel flachere Kurven auf als der Nachtschlaf. Allerdings sind Dauer und Tiefe des Schlafes abhängig vom jeweiligen Schlafbedürfnis, d. h. von der Ermüdung; umgekehrt ist das Erholungsergebnis des Schlafes abhängig von Schlafdauer und Tiefe.

Die Voraussetzung für den Eintritt des Schlafes ist nach der derzeitigen Annahme eine Änderung der Durchblutung des Gehirns infolge Herabsetzung des Gefäßtonus. Infolge verlangsamter Zirkulation kommt es zur Anhäufung von Kohlensäure im Gehirn bzw. zur Änderung der Kohlensäurespannung mit einer Art Narkosewirkung; auch die Ermüdungsstoffe können vermutlich in ähnlicher Weise wirksam werden. Inwieweit noch ein besonderes Schlafzentrum (Mauthner, Trömmer) als Abwehrorgan der sensiblen Reize vom Großhirn in Funktion tritt, ist noch umstritten.

Alle Faktoren organischer oder psychischer Natur, welche den Gefäßtonus beeinflussen, wirken infolgedessen schlafhindernd, beispielsweise vorhergegangene schwere körperliche oder geistige Arbeit, gewisse Giftstoffe, thermische Reize, Licht, Geräusche u. dgl. m. Weitere Störungen erfolgen durch Unterbrechung der äußeren Vorgänge, die „automatisch" dem Schlaf vorhergehen. Alle derartigen Störungen beeinträchtigen das Einschlafen und die Schlaftiefe. Ein Halbschlaf mit Unruhe und lebhaften Erinnerungsbildern aus der kurz vorhergegangenen Zeit bringt keine Erholung, im Gegenteil das Empfinden größerer Ermattung; die Abfuhr der Ermüdungsstoffe wird unvollkommen, es bleiben Ermüdungsstoffe zurück. Im gesunden Schlafe ist zunächst der Muskeltonus der willkürlichen Muskeln herabgesetzt bzw. aufgehoben; dieser Vorgang vollzieht sich fortschreitend von oben nach unten (Augenlider, Arme, Beine, Rumpf); Schlafen in Wachstellung, wie wir es (bei Kutschern, Kellnern u. a.) beobachten können, kommt nur bei stärkerer Ermüdung und geringer Schlaftiefe vor. Im Gegensatz zur quergestreiften Muskulatur ist der Tonus der glatten Muskeln erhöht. — Die Atmung ist ruhiger als im Wachen, der Stoffwechsel herabgesetzt (die CO_2-Abgabe verhält sich hier gegenüber der Abgabe im Wachen wie ca. 100:145). Die Körpertemperatur ist niederer mit einem Minimum von ca. 2—6 Uhr morgens. Die Herztätigkeit ist nachts um 10—20 Schläge pro Minute vermindert, der systolische Blutdruck sinkt um ca. 25 mm Hg. in Verbindung mit der Erweiterung der peripheren Gefäße. Der Mechanismus der Herzbewegung erfährt eine (im Elektrokardiogramm nachweisbare) Änderung. Die sekretorischen Funktionen erfahren eine Einschränkung. Diese genannten Veränderungen der verschiedenen Organfunktionen werden bei manchen labilen oder kränklichen Individuen entsprechend deutlicher.

In der Natur finden wir sozusagen zwei Schlaftypen vor: Nachtschläfer und Tagschläfer bzw. Tagtiere und Nachttiere; beide sind entsprechend dieser Eigenart verschieden ausgestattet. Der Mensch gehört seiner natürlichen Veranlagung nach zur Gruppe der „Tagtiere", die nachts schlafen. Heutzutage ist es allerdings unvermeidlich, daß gewisse industrielle Arbeiten auch nachtsüber geleistet werden müssen. Der Schlaf muß dann tagsüber nachgeholt werden. Der Nachtarbeiter schläft beim Tagschlaf unter günstigen Außenbedingungen wohl relativ rasch und mit größerer Tiefe ein, um jedoch bald in einen leisen, leicht zu unterbrechenden und wenig erholenden Schlummer überzuwechseln. Die geschilderten Funktionsänderungen sind beim Tagschlaf nicht in gleichem Maße ausgeprägt wie beim physiologischen Nachtschlaf. Dazu kommen die mannigfachen Störungen des Tagschlafes: Lärm, Licht, Wärme usw. Die Erholung ist daher hier eine unvollkommene, die Leistungsfähigkeit in der folgenden Arbeitsperiode eine herabgesetzte. Dieser unphysiologische Zustand hat natürlich gewisse wirtschaftliche und gesundheitliche Auswirkungen.

Zunächst ist die Nachtarbeit meist weniger ergiebig; die Gesamtproduktion ist im allgemeinen geringer, der Ausschuß größer. Beispielsweise betrug die Produktion in einer Spulenwicklerei nachts nur 55% des Tagesergebnisses, der Ausschuß jedoch 10—15% gegen 5% tagsüber. Eine andere Verrichtung, die bei Tag in 12 Sekunden erledigt wurde, erforderte in der Nachtschicht 17 Sekunden. Es wird langsamer, mit größeren psychischen Hemmungen gearbeitet, die Ermüdung tritt relativ früher ein (Greenwood, St. Kent u. a.). „Schon das Wachsein an sich bedeutet eine Arbeitsleistung und beschleunigt die Muskelermüdung" (Rubner). In manchen Betrieben erwies sich die Nachtproduktion weniger ergiebig, hauptsächlich bei den eine besondere Überlegung oder Koordination erfordernden Arbeiten, während die monotonen, mehr oder minder automatisch vor sich gehenden Handgriffe, die auch im Halbschlaf vorgenommen werden können, weniger Einbuße erfuhren; die Arbeitsmenge blieb sich hier annähernd gleich. Auch die sogenannte „verlorene Zeit" (lost time) ist nachts größer; während bei Tagarbeit nur 5,3—6,9% der Gesamtarbeitszeit „vertrödelt" wurde, betrug diese „verlorene Zeit" bei Nachtarbeit 8,4—9,1%. Gelegentlich wurden bis $^2/_3$ der Arbeiter schlafend gefunden.

Allerdings sind in der Literatur auch einige entgegengesetzte Fälle bekanntgegeben; beispielsweise wurde in einer amerikanischen Buchdruckerei (Curtis, Publishing Co., Philadelphia) die gleiche Arbeitsleistung pro Mann in der Tagschicht in 5,04 Stunden, in der Nachtschicht in nur 4,78 Stunden erledigt, als Folge einer konzentrierten, ungestörten Arbeit von vorher gut ausgeruhten Arbeitern. Vernon stellte in englischen Munitionsfabriken bei der Nachtarbeit ähnliche Stundenleistungen fest wie bei Tag, zum Teil sogar etwas besser, bedingt durch günstigere Verteilung der Arbeitszeit und der Arbeitspausen. Teilweise mögen hier wohl auch individuelle Momente mitwirken; viele Individuen haben ihr Arbeitsoptimum zu ganz bestimmten Zeiten; diese Eigentümlichkeiten können vermutlich auch in der Ungleichheit der Tages- und Nachtleistung zum Ausdruck kommen. Sie verwischen allerdings bzw. verschwinden bei größeren Arbeitermassen. Derartige Einzelergebnisse aus charakteristischen Betriebsgruppen vermögen jedoch die oben angeführten schlechten Erfahrungen aus der Industrie nicht zu entkräften. Wie schon angedeutet, ist auch die Leistung in der dem Tagschlaf folgenden Arbeitsschicht nicht selten vermindert; Untersuchungen an Feindrahtziehern ergaben dies für die nächstfolgende Tagesleistung, wenn Nachtarbeit vorhergegangen war.

Was die Beziehungen zwischen Nachtarbeit und Unfallhäufigkeit betrifft, so liegen vollkommen eindeutige Ergebnisse nicht vor; es finden sich wohl verschiedene Einzelbilder, die bindende Schlüsse nicht zulassen. Amerikanische Autoren wollen eine deutliche Steigerung der Unfallziffern bei Nachtarbeit feststellen; sie schieben die Hauptschuld auf Mängel der Beleuchtung, „Unfallziffer und Dunkelheit stehen in einem direkten Verhältnis". Neueres Material findet sich in den Erhebungen der Preuß. Gewerbeaufsichtsbeamten vom Jahre 1909. Im allgemeinen ist bei der Nachtschicht die Zahl der Unfälle geringer, ihre Art leichter als tagsüber. Die Gründe liegen darin, daß nachts manche Gefahrenquellen verringert sind. Zunächst sind bei der Nachtschicht nur soviel Leute da, als unbedingt benötigt werden, insbesondere fallen die jugendlichen und weiblichen Arbeiter weg, die bekanntlich eine erhöhte Unfallziffer aufweisen; sodann ist die Nachtarbeit weniger intensiv, es werden nachts nur die unvermeidbaren Arbeiten vorgenommen, insbesondere kommen Reparaturen und Transporte, Zubringung von Rohstoffen usw. fast ganz in Wegfall; in vielen Betrieben handelt es sich überhaupt nur um Überwachung bzw. Arbeitsbereitschaft. Weiterhin kommen psychologische Momente in Betracht; die zerstreuenden Einflüsse fehlen, es wird mit weniger Hast gearbeitet; die Nachtarbeit wird meist ungern, mit größerem Widerwillen und mehr Hemmungen verrichtet, daher langsamer, überlegter, vorsichtiger. — Im Bezirk Köln ereigneten sich z. B. in der Tagschicht mehr als doppelt so viele Unfälle wie in der Nachtschicht (2,3:1); im Bezirk Lüneburg wurden auf je 100 Arbeiter in der Tagschicht 3,67, in der Nachtschicht 2,87 Unfälle berechnet; im Bezirk Merseburg in allen Betrieben bei Tag 4,4, bei Nacht 2,5; in den Gas- und Elektrizitätswerken bei Tag und Nacht gleich viele (7,0), in der chemischen Industrie um Bielefeld jedoch bei Tag 7,1, bei Nacht 9,3 — (während z. B. Brückner für die Anilinfabrik Ludwigshafen im Jahre 1920 pro 100 Arbeiter bei Tag 0,78, bei Nacht 0,56 feststellte). Im Bezirk Hannover war die Unfallsziffer bei Tag- und Nachtschicht annähernd gleich. In der Großeisenindustrie fanden sich jedoch in den Bezirken Düsseldorf und Hildesheim Übertreffungen bei der Nachtschicht; im ersteren trafen auf je 100 Arbeiter tags 18,8, nachts 21,7, im letzteren traf je ein Unfall tags auf 12 Arbeiter, nachts schon auf 8 Arbeiter. Was die Ursachen der Unfälle betrifft, so wurde im Bezirk Hannover festgestellt: ungenügende Beleuchtung: tags 1,8, nachts 5,3; ungenügende Beaufsichtigung: tags 4,6, nachts 13,2% der Unfälle. Jedenfalls kann gesagt werden, daß die gewöhnlich ausgesprochene Vermutung von der gesteigerten Unfallgefährdung in der Nachtschicht durch die Tatsache allgemein nicht bestätigt wird; die Gründe hierfür wurden bereits angegeben; sie liegen fast durchweg in den verschiedenartigen Betriebsbedingungen je nach Tag- oder Nachtbetrieb. Die Mehrzahl der Nachtunfälle kommt übrigens auf die Stunden vor Mitternacht, verursacht durch das um diese Zeit besonders gesteigerte Schlafbedürfnis.

Weiterhin werden als Folge der Nachtarbeit bzw. der ungenügenden Erholung im Tagschlaf verschiedene krankhafte Störungen beobachtet[1]). Zwar konnte Brückner eine allgemeine Erhöhung der Kränklichkeit (Anilinfabrik Ludwigshafen, ein Jahr Beobachtung) nicht nachweisen; die Zahl der Vergiftungen war in der Nachtschicht sogar erheblich vermindert (tags 24, nachts 1), was jedoch auf äußere Gründe zurückzuführen ist. Andererseits liegen doch von verschiedenen Autoren (Carozzi, Gardenghi, Mattioli u. a.) Beobachtungen vor über Beeinträchtigung durch die Nachtarbeit bei gesunden und insbesondere bei kränklichen Personen, bei Nervösen, Blutarmen, Stoffwechselkranken u. dgl. m.; festgestellt wurden Kopfschmerzen, Schwindel, Appetitmangel, leichte Koordinationsstörungen, gesteigerte Reizbarkeit und Erschöpfbarkeit, verschiedene nervöse Beschwerden; alkoholische und sexuelle Exzesse werden begünstigt. Auch langanhaltende Anämie fand sich nicht selten und wurde von Carozzi als Oligoämie, von Gardenghi als Hypochromämie infolge Mangels an natürlichem Licht gedeutet, vermutlich auch verursacht durch ungenügende Erholung. Mattioli beobachtete bei Krankenschwestern nach den Nachtwachen (12 Uhr nachts bis 6 Uhr früh) eigenartige vasomotorische Störungen, bestehend in Rötung und Hitzegefühl im Gesicht zu bestimmten Tageszeiten, Kopfschmerzen, Asthenie usw. Die Mehrzahl der Untersuchten zeigte bez. der weißen Blutzellen eine Vermehrung der Neutrophilen und Eosinophilen; der Hämoglobin-Gehalt war regelmäßig herabgesetzt; die roten Blutzellen waren entsprechend vermindert. Die Viskosität des Blutes schien herabgesetzt gemäß der transitorischen Anämie. Die Temperaturkurve ergab deutliche Abweichungen von der Norm; die Pulszahl war meist geringer, der Blutdruck war zum Teil erhöht, zum Teil vermindert; die Nachtwache im zweiten Teil der Nacht macht demnach infolge Unterbrechung des Schlafes einen Komplex von Störungen, die an der Grenze des Pathologischen stehen; nur eine längere Periode von Schlafnächten und die den Frauen eigene Fähigkeit, Blutschädigungen relativ rasch auszugleichen, verhindern ernstere Schädigungen. Verfasser glaubt ähnliche Störungen auch bei gewerblichen Arbeitern erwarten zu dürfen. — Von Goldstein wurden bei Krankenschwestern bei vierwöchentlichem

---

[1]) B. Ramazzini, der Altmeister der Gewerbemedizin, erwähnt die Nachtarbeit bei den Krankheiten der Bäcker als allgemein lästig und krankheitsfördernd. „Was ist aber wohl für ein Handwerk seinen Meistern mehr verdrüßlich und beschwerlich / als das Beckerhandwerck? denn sie mögen entweder das Mehl beuteln / oder einteigen und knäten / oder das Brodt in dem Ofen backen / so haben sie viel Müh und Verdrüßlichkeit auszustehen / und deswegen stossen ihnen auch unterschiedene Kranckheiten zu. Die Becker arbeiten gemeiniglich des Nachts; denn wenn andere nach vollbrachter Tag-Arbeit schlaffen / und ihren abgematteten Leib wiederum erquicken / so arbeiten diese hingegen die gantze Nacht durch / dass sie gezwungen werden / fast den gantzen Tag über wie Flatter-Mäuse zu schlaffen /." Deutsche Übersetzung Leipzig 1705 bei Gleditsch.

Eingehende Erörterungen über die ungünstigen Wirkungen der Nachtschichten finden sich bei C. L. Scheffler, Abhandlung von der Gesundheit der Bergleute. Chemnitz 1770 bei J. D. Stößels Erben & Putscher.

Nachtdienst regelmäßig Gewichtsverluste von 0,5—2,9 kg festgestellt.

Von erheblichem Interesse ist der Einfluß der Nachtarbeit auf die Körpertemperatur. Die Körpertemperatur des Menschen ist nicht vollkommen konstant, sie schwankt etwa um $^1/_2$ bis 1^0 C mit dem Maximum zwischen 4 Uhr nachmittags und 8 Uhr abends und dem Minimum zwischen 2 Uhr und 6 Uhr früh. Diese Schwankungen sind durch die verschiedene Intensität der Verbrennungsprozesse, daher indirekt durch die verschiedengroße Muskelarbeit bedingt, richten sich daher bei gewöhnlicher Lebensweise nach der Ortszeit. Die Temperaturkurve ist also eine Interferenzkurve, beruhend einerseits auf den Schwankungen der „Normalkurve", andererseits auf den Einwirkungen der geleisteten Arbeit. Sie hat — wie erwähnt — die Tendenz, bei der Nachtruhe zu sinken und am frühen Morgen ein Minimum zu erreichen. Der Organismus hält an der individuell-verschiedenen „normalen" Temperaturkurve zäh fest. Untersuchungen von Goldstein an Bäckern und Krankenschwestern ergaben, daß bei der Nachtarbeit die Temperatur nicht derart absinkt, wie es bei der Nachtruhe der Fall ist; vielfach fanden sich besonders in der ersten Hälfte der Nachtschicht Temperaturanstiege oder Verminderungen der physiologischen Abnahme (0,2—$0{,}3^0$ C gegen normal $0{,}6^0$ C). Die Unregelmäßigkeiten sind besonders groß im Laufe der ersten Tage nach Eintritt des Schichtwechsels zwischen Tag- und Nachtarbeit; länger dauernde Nachtarbeit führt allmählich zur völligen Veränderung, ja zur Umkehrung der Normalkurve[1]). Jaegers Beobachtungen an Militärbäckern haben gezeigt, daß hier durch die Nachtarbeit die Temperaturkurve eine umgekehrte ist, während die mit besserer Methodik angestellten, sorgfältigen Beobachtungen Benedikts bewiesen, daß zwar eine Modifikation, jedoch keineswegs eine Umkehrung der Temperaturkurve bei Nachtarbeitern eintritt: Ruhe und Schlaf bei Tage setzen wohl die Temperatur herab, aber die Nachtarbeit erhöht sie nicht nennenswert. Bei der dänischen Nordpolexpedition von 1906—1908 wurden von Einhard die nachstehenden Beobachtungen gemacht. Während der Polarnacht, wo alle Arbeit bei künstlicher Beleuchtung geschehen mußte, war das Lampenlicht der „Tag", das Auslöschen der Lampen gleichbedeutend mit „Nacht". Es wurde nun der Versuch gemacht durch Verschiebung, einmal um 4 Stunden, dann unter Einschiebung einer Extramahlzeit um 8 Stunden, Tag und Nacht zu vertauschen. Die Hälfte der 26 Beteiligten paßte sich bald an die neue Einteilung an, nach 4 bis 5 Tagen waren nur wenige noch nicht ganz gewöhnt, indem sie „nachts" nicht gut schliefen und „bei Tage" vorzeitig schläfrig wurden. Die am schwierigsten zur Umstellung gelangende Funktion war die des Stuhlgangs, es dauerte eine Woche, bis dieser sich zur

[1]) Dies soll auch bei den Nachtraubvögeln zutreffen, ferner bei Weltreisenden nach Erreichung der Zone der völligen Tag-Nacht-Umkehr. Simpson und Galbraith gewöhnten Affen daran, bei Nacht in Bewegung zu sein und tagsüber in dunklen Käfigen zu schlafen, tatsächlich war die Temperaturkurve vollkommen umgekehrt.

„normalen“ Zeit einstellte. Alle Temperaturkurven zeigten den umgekehrten Gang.

Die genannten Schäden der Nachtarbeit könnten nun wohl durch Schlafen am Tage wieder ausgeglichen werden, vorausgesetzt, daß die entsprechenden äußeren Bedingungen eines erquickenden Schlafes gegeben wären. Dies ist jedoch meist nicht der Fall. Das Reichsgesundheitsamt äußerte sich darüber gutachtlich in folgender Weise: „Der in der Nacht entzogene Schlaf kann allerdings am Tage nachgeholt werden, doch bedarf der Körper am Tage, um dieselbe Frische wie nach einem ausreichenden Nachtschlaf zu erlangen, einer längeren Ruhezeit, da der Schlaf am Tage infolge des Tageslärmes und Tageslichtes, im Sommer auch infolge der höheren Luftwärme, nicht so tief wie in der Nacht ist.“ Der Arbeiter ist fast nie in der Lage, einen Schlafraum benutzen zu können, der untertags alle Störungen durch Licht, Lärm und erhöhte Temperatur fernhält. Außerdem erfordert die Nahrungsaufnahme meist eine Abkürzung oder Unterbrechung des Tagschlafes.

Bei der Mehrzahl der Arbeiter ist infolgedessen instinktiv die Nachtarbeit wenig beliebt, wenn auch vielfach eine weitgehendere Gewöhnung eintritt. Bei Levenstein finden wir nachstehende Äußerungen von Arbeitern: „Derjenige Arbeiter, der in den verkehrsreichen Straßen wohnt, wo das Wagengerassel, die Automobile, die Gemüsehändler, die Kinder hin und her schreien, der soll abends auch noch seine Leistung machen! Es ist einfach unmöglich ... man hat vormittags frei, und diese Zeit benutzen die meisten Bergleute zu häuslichen Arbeiten statt zu schlafen. Dann kommen sie ermattet zur Arbeit.“ Geradezu typisch klingt es, wenn auf Befragen nach ihren besonderen Wünschen eine große Anzahl von Bergarbeitern angibt: „Gründlich ausschlafen!“. Ähnliche Angaben wurden auch mir selbst von befragten Arbeitern gemacht. In anderen Fällen beziehen sich die Klagen mehr auf Äußerlichkeiten, wie schlechte Zugsverbindungen, Mängel der Verpflegung usw. Schließlich dürfen auch die Auswirkungen mangelhafter Überwachung und Beleuchtung in sittlicher Beziehung (beim ev. Zusammenarbeiten von männlichen und weiblichen Arbeitern) nicht unerwähnt bleiben.

Zusammengefaßt finden wir die verschiedenen Schäden der Nachtarbeit in den von einer englischen Sonderkommission aufgestellten Schlußsätzen:

a) Die Nachtarbeit, d. h. die Nacht zum Tage umwandeln, ist unnatürlich.

b) Die in jeder Woche wechselnde Tag- und Nachtarbeit, selbst bei 3 Schichten, läßt dem Körper nicht genügend Zeit, sich den unnatürlichen Bedingungen anzupassen.

c) Die Nachtarbeit vernichtet alle wohltätigen Folgen des Sonnenlichtes für den Körper.

d) Der Schlaf bei Tag ist nicht tief.

e) Die Ermüdung durch die Nachtarbeit dürfte größer sein als die nach gleicher Tagesarbeit.

f) Die Nachtarbeit stört das Einnehmen gleichmäßiger Mahlzeiten.

g) Die Aufsicht ist in Betrieben nachts nicht so gut als tagsüber (Unfallgefährdung, sittliche Gefährdung).

h) Die Nachtarbeit stört den Unterricht bei Jugendlichen; daher sind Mängel der Erziehung und Ausbildung die Folge.

Das englische Komitee zur Überwachung der Munitionsarbeiter nannte die Nachtarbeit „nicht wünschenswert" und im Vergleich zur Tagesarbeit „ungünstig".

Soweit es betriebstechnisch möglich ist, soll daher die Nachtarbeit beschränkt oder aufgehoben werden. Allerdings zwingen uns manchmal gewisse Umstände, aus sanitären Erwägungen nachtsüber zu arbeiten, nämlich bei Verarbeitung verschiedener Gifte in der heißen Jahreszeit (z. B. verschiedener aromatischer Nitro- und Amidoverbindungen u. dgl.). Bei diesen flüchtigen Substanzen wirkt die Kühle der Nacht günstig; sie beschränkt die Verflüchtigung und damit die Gelegenheit zur Vergiftung. Hier bedeutet z. B. an heißen Sommertagen die Nachtarbeit einen hygienischen Erfolg.

Da ein allgemeines Verbot der Nachtarbeit undurchführbar ist, müssen wir wenigstens deren Sanierung betreiben. Das Verbot der Nachtarbeit in Bäckereien bedeutet in dieser Beziehung einen erfreulichen sanitären Fortschritt. Von erheblicher gesundheitlicher Bedeutung ist zunächst der gesetzliche Ausschluß der Frauen und Jugendlichen. Ausnahmen hiervon sind nur in sehr beschränktem Umfange zulässig. Hygienische Voraussetzung für die Nachtarbeit sind: Ärztliche Auslese der dafür bestimmten Personen, regelmäßige ärztliche Überwachung derselben, Begünstigung der Umstellung des Organismus bzw. Gewöhnung an den unphysiologischen Zustand durch Schichtwechsel in längeren Intervallen. Es gibt zweifellos sehr viele Individuen, die durch den wöchentlichen Schichtwechsel sehr ungünstig beeinflußt werden und sich diesem weder bezgl. des gesundheitlichen Befindens noch der Leistung anpassen können. Diese benötigen erst eine gewisse Gewöhnung an die Nachtarbeit bzw. an den Tagschlaf. Der Schichtwechsel mit Änderung der Schichten in jeder Woche ist in diesen Fällen nicht rationell, weil sich hierbei niemals eine Gewöhnung ausbilden kann und daher während dieser Periode immer eine mangelhafte Erholung eintritt — der Turnus wirkt störend auf die Automatie des Schlafens und Wachens ein. Außerdem hat ein derartiger mangelhaft Erholter beim jeweiligen Wechsel der Tag- und Nachtschichtsperiode immer zwei hintereinanderfolgende Arbeitsschichten durchzuhalten, ist daher in dieser Zeit der Gefahr einer besonders tiefgreifenden Ermüdung ohne entsprechendes Erholungsäquivalent ausgesetzt. Es dürfte sich daher aus diesen physiologischen Erwägungen heraus empfehlen, den Schichtenwechsel nicht allwöchentlich, sondern in größeren Zwischenräumen, etwa zwei- bis vierwöchentlich, vorzunehmen. Ev. müßte durch entsprechende Lohnzulagen das längere Beibehalten der Nachtschicht verlockender gemacht werden. Es ist mir allerdings bekannt, daß verschiedene englische Untersucher (Vernon, Greenwood, Burchell) zu etwas anderen Ergebnissen gelangt sind, indem sie einerseits das diskontinuierliche System, also den regelmäßigen Wechsel von Tag- und Nachtschicht, dem der kontinuierlichen Nachtschicht vorziehen und den allwöchentlichen Schichtwechsel für günstiger halten als den vierzehntägigen. Als Gradmesser diente hier das Leistungsergebnis. Ich erachte diese Methode trotzdem nicht als für alle Individuen zweckmäßig und den physiologischen Bedingungen entsprechend.

Weiterhin sind — soweit möglich — Maßnahmen zu treffen für einen genügenden Tagschlaf, für die möglichst vollkommene Angleichung der äußeren Schlafbedingungen bei Tag an die des normalen Nachtschlafes. Beispielsweise sind in gewissen Betrieben, in Krankenanstalten, Bahn- oder Feuerwehrdienstgebäuden u. dgl. für die Nachtschicht besondere Tagschlafräume einzurichten mit weitgehendem Schutz von Lärm- und Lichtstörungen usw. Sache des einzelnen Arbeiters ist es, auch in seinem Heim — soweit als möglich — diesen Voraussetzungen für einen ausreichenden Tagschlaf gerecht zu werden.

Literatur:

Abelsdorf, Arch. f. Soz.-Hygiene. 1911, IV, S. 87 u. Reichsarbeitsblatt 1910, Nr. 10 (Unfallhäufigkeit).
Brecina, Berichte des Health of Munition Workers Commitee. Wien 1921.
Brückner, Zentralbl. f. Gew.-Hygiene. 1921, Nr. 10.
Carozzi, Verhandlungen des Ersten Intern. Kongr. f. Arbeiterkrankheiten. Mailand 1906.
Gardenghi, Ebenda.
Goldstein, Wiener Arbeiten v. Teleky. H. 5 (1913).
Levenstein, Die Arbeiterfrage. München 1912.
Mattioli, Il Lavoro. 1923, Nr. 4.

(Aus der Kinderklinik der Universität Gießen. Vorstand: Prof. Dr. H. Koeppe)

Die Hülle der roten Blutkörperchen.

Von

Hans Koeppe.

Eigenschaften, Bau und Verrichtungen stehen in engen wechselseitigen Beziehungen zueinander, so daß von den einen auf die anderen geschlossen werden kann und demnach erweiterte Kenntnisse über die einen ohne weiteres auch solche über die anderen zur Folge haben.

In besonders schöner Weise ließen sich diese Wechselbeziehungen zwischen Eigenschaften, Bau und Verrichtungen erkennen, als ich die Volumenänderungen der roten Blutkörperchen als durch Änderungen des osmotischen Drucks bedingt nachzuweisen versuchte:

Als Beobachtungs- und Untersuchungsmaterial lag vor: 1. Die Beobachtung, daß in verschieden konzentrierten Salzlösungen die roten Blutscheiben verschiedenes Volumen haben, 2. das Analysenergebnis, daß im Blutplasma in der Hauptsache Natriumverbindungen, in den Blutkörperchen dagegen Kaliumverbindungen enthalten sind. Zur Erklärung dieses Befundes stellte ich die Hypothese auf: „die roten Blutkörperchen sind von einer ‚Hülle‘ umgeben, welche halbdurchlässig, semipermeabel, ist.“ Durch diese Eigenschaft der Halbdurchlässigkeit, Semipermeabilität, ist ein Eindringen der Natronsalze in die roten Blutscheiben und ein Austreten der Kalisalze aus den Zellen ins Plasma nicht möglich, während Wasser aus- und eindringen kann. Die Annahme einer halbdurchlässigen Wand erleichtert nicht nur das Verständnis für die Trennung des Natrium im Plasma vom Kalium in den Körperchen, sondern schafft nun auch die Grundbedingung dafür, daß der osmotische Druck in Wirksamkeit treten kann. Sind nun die Volumenänderungen der roten Blutscheiben die Folge des Wirkens osmotischer Druckkräfte, so müssen diese Druckkräfte streng nach den Gesetzen des osmotischen Drucks erfolgen. Es sei hier gleich darauf hingewiesen, daß durch diese Untersuchungen nicht beabsichtigt wurde, etwelche Lebenserscheinungen zu „erklären“, sondern es handelt sich darum, festzustellen, ob das Wirken der Energieform: „Osmotischer Druck“ an lebenden Zellen nachweisbar ist, und vor allem, welcher Anteil der beobachteten Erscheinungen eben dem osmotischen Druck zuzuschreiben ist. Die Theorie geht also von der Vorstellung aus: das rote Blutkörperchen ist von einer semipermeablen Hülle umgeben, welche Wasser durch sich hindurchläßt, nicht aber die im Wasser gelösten Stoffe. Durch die im Wasser gelösten Stoffmoleküle ist der osmotische Druck (früher die „Wasseranziehende Kraft" genannt) bedingt. Ist die Zahl der Moleküle in der Raumeinheit, der „osmotische Druck", innerhalb der Hülle gleich der außerhalb, so besteht Gleichgewicht, ist innen ein höherer Druck, so muß Wasser einströmen, um Gleichgewicht herzustellen, das Volumen muß größer werden, umgekehrt, ist der Druck außerhalb größer, so wird Wasser aus den Blutkörperchen durch die Hülle hindurch austreten, das Blutkörperchenvolumen wird kleiner. Um diese Wechselbeziehungen zwischen Druck und Volumen festzustellen und ihre Gesetzmäßigkeit nachzuweisen, ist eine Methode notwendig, die das Volumen der roten Blutkörperchen bestimmt. Den osmotischen Druck bestimmen und variieren wir, indem wir die roten Blutscheiben in Lösungen von bekanntem osmotischen Druck aufschwemmen. Zur Volumenbestimmung hat sich die Hämatokritmethode als geeignet und zuverlässig erwiesen. Es ließ sich nun mit Hilfe des Hämatokriten nachweisen, daß 1. die Salzlösungen, in denen die roten Blutscheiben gleiches Volumen hatten, die demnach Lösungen gleichen osmotischen Drucks — isosmotische Lösungen — sein müßten, in der Tat in der Raumeinheit annähernd die gleiche Molekülzahl enthielten, demnach „äquimolekular" waren; 2. durch den Vergleich der Konzentrationen mittels des Hämatokriten bestimmte isosmotische Salzlösungen und Rohrzuckerlösungen die Dissoziationskoeffizienten verschiedener Salze berechnet werden und in guter Übereinstimmung mit den nach der physikalischen Methode der Gefrierpunktsbestimmung ermittelten gefunden wurden; 3. ließ sich auch durch Hämatokritversuche mit Gemischen von Salzlösungen die Gültigkeit des Henry-Daltonschen Gesetzes für Lösungen nachweisen[1]). Diese Versuche beweisen eindeutig, daß der osmotische Druck für das Volumen der roten Blutscheiben bestimmend ist, daß die Gesetzmäßigkeit der Beziehungen zwischen Druck und Volumen klar erkenntlich ist, daß aber in den absoluten Zahlenwerten Abweichungen von den nach rein physikalischen Methoden bestimmten Werten festzustellen sind. Grundbedingung für das Wirken des osmotischen Drucks ist das Vorhandensein einer halbdurchlässigen Wand. Eine für alle löslichen Stoffe undurchgängige Wand gibt es vielleicht gar nicht. Für unsere hypothetische „Hülle" der roten Blutkörperchen ist deshalb die Möglichkeit gegeben, daß diese Hülle für manche Stoffe durchlässig ist. Der osmotische Druck von Lösungen dieser Stoffe kann dann gar nicht zur Geltung kommen, in diesen Lösungen müssen sich die roten Blutscheiben verhalten wie in reinem Wasser, dessen osmotischer Druck gleich Null ist. Wollen wir rote Blutscheiben in reinem Wasser aufschwemmen, so verschwinden sie als solche, sie werden aufgelöst. Nach unserer Vorstellung muß das rote Blutkörperchen nach dem Verbringen in reines Wasser infolge des osmotischen

---

[1]) Archiv für Anatomie u. Physiologie. 1895.

Drucks seines Inhalts Wasser anziehen, aufnehmen; da außen überhaupt kein Druck herrscht, muß die Wasseraufnahme und damit die Volumenzunahme ununterbrochen vor sich gehen, d. h. die Hülle wird schließlich gesprengt, das Blutkörperchen aufgelöst, die Blutaufschwemmung wird „lackfarben“[1]). Dieselben Verhältnisse sind vorhanden, wenn wir rote Blutscheiben in einer Lösung aufschwemmen, welche zwar denselben osmotischen Druck hat, sogar einen höheren haben kann, als der Körpercheninhalt, aber der gelöste Stoff die Hülle der Blutscheiben durchdringen kann, also keinen Druck auf die Hülle ausübt. Auch in solchen Lösungen wird die Blutaufschwemmung „lackfarben“. Von den Lösungen, in welchen die roten Blutkörperchen lackfarben werden, gleichviel wie groß der osmotische Druck der Lösung ist, sind obenan die Lösungen des Harnstoffs zu nennen. Wie gegen Harnstofflösungen verhalten sich die roten Blutscheiben auch gegen Lösungen von Ammoniumkarbonat (NH_4) 2 CO_3 und von Ammoniumchlorid NH_4Cl. Selbst in hochkonzentrierten Lösungen dieser Salze werden die Blutscheiben lackfarben. In Lösung sind diese beiden Salze als solche nur noch in ganz geringer Menge vorhanden, der Hauptteil ist gespalten, dissoziiert, in die Ionen NH_4 und CO_3 resp. NH_4 und Cl. Folglich müssen wir jetzt aus dem Lackfarbenwerden der roten Blutkörperchen in diesen Lösungen schließen, daß die Hülle der roten Blutkörperchen durchgängig ist für die Ionen NH_4 und CO_3 und Cl. Mit dieser Annahme scheint nun in Widerspruch zu stehen die Beobachtung, daß in isosmotischen Lösungen vom Ammoniumsulfat (NH_4) 2 SO_4 und solchen von NaCl die Blutkörperchen nicht lackfarben werden, sondern sogar annähernd das Volumen haben, welches sie in diesen Lösungen nach den Gesetzen des osmotischen Drucks haben müssen, obwohl doch in der Lösung des Ammonsulfats NH_4 Ionen enthalten sind, welche doch keinen osmotischen Druck auf die Hülle der roten Blutscheiben ausüben können, da sie durch die Hülle hindurchtreten können. Dieser Widerspruch löst folgende Überlegung: Die Hülle der roten Blutscheiben ist zwar für NH_4 und für Cl-Ionen durchgängig, aber nicht für das Ion SO_4 und das Ion Na. Wenn die Wand der Blutscheiben für das eine Ion durchgängig ist, so kann dieses Ion sich doch nicht aus der Lösung in das Blutkörperchen bewegen, da es nach Wilh. Ostwald durch seine elektrische Ladung an das andere Ion gebunden ist, welches nicht eindringen kann, beteiligt sich also an dem osmotischen Druck der Lösung. Wieder nach Wilh. Ostwald ist ein Wandern des diffusiblen Ions aus der Lösung durch die Wand nur möglich, wenn ein anderes Ion von gleicher elektrischer Ladung von jenseits für dasselbe eintritt. Tauschen sich aber auf diese Weise Ionen der Lösung gegen Ionen der Blutkörperchen aus, so wird das osmotische Gleichgewicht zwischen Lösung und Blutscheiben nicht gestört, da die Zahl der Moleküle dadurch beiderseits nicht verändert wird, wenn nur gleichwertige Ionen sich austauschen. Dieser Ionenaustausch läßt sich durch folgenden Versuch sehr schön darlegen. Von etwa 2 ccm isolierten

[1]) Pflügers Archiv, Bd. 67. 1897.

roten Pferdeblutkörperchen wird die eine Hälfte mit Sauerstoff gesättigt, die andere Hälfte mit Kohlensäure. Beiden Proben wurden nunmehr gleiche Mengen 0,9%iger Chlornatriumlösung (10—15 ccm) zugesetzt, geschüttelt und die Mischung zentrifugiert. Während nun nach dem Zentrifugieren bei den Sauerstoffblutscheiben die überstehende klare Flüssigkeit absolut neutral war, reagierte die gleichfalls vollkommen klare, über den Kohlensäureblutkörperchen stehende Flüssigkeit stark alkalisch. Die physikalisch chemische Deutung des Vorgangs ist folgende: durch Sättigen der Blutscheiben mit Kohlensäure sind nun in denselben auch CO_3-Ionen, deren Partialdruck in den Blutkörperchen ein hoher ist gegenüber dem Partialdruck der CO_3-Ionen in der Kochsalzlösung, wo er gleich Null ist; der Partialdruck der Cl-Ionen in den Blutscheiben ist dagegen niedriger als der in der Kochsalzlösung. Da nun die Wand der Blutscheiben sowohl für CO_3-Ionen wie für Cl-Ionen durchgängig ist, steht dem Ausgleich der Druckunterschiede kein Hindernis im Wege. Es werden CO_3-Ionen aus den Körperchen wandern, Cl-Ionen dafür in dieselbe eintreten. Da die CO_3-Ionen zweiwertig sind, d. h. mit der doppelten Elektrizität beladen sind als die Cl-Ionen, so müssen für ein CO_3-Ion jedesmal zwei einwertige Cl-Ionen eintreten. Nach dem Austausch der Ionen hydrolysiert ein Teil der CO_3-Ionen Wasser in der Kochsalzlösung; das CO_3-Ion bildet mit dem H-Ion des Wassers das einwertige Ion HCO_3, und das Ion OH wird frei, durch den Gehalt an freien Hydroxylionen aber wird die alkalische Reaktion bedingt. Auch bei Verwendung von Lösungen anderer Chloride (KCl, LiCl, $CaCl_2$ und $BaCl_2$) ließ sich durch diesen Versuch zeigen, daß die rote Blutkörperchenhülle für Cl-Ionen durchgängig ist. Die Hülle ist nicht durchgängig für SO_4- und NO_3-Ionen, auch für Brom und für Jod-Ionen ist die Hülle auffallenderweise nicht durchgängig[1]). Dieser Vorgang des Ionenaustausches ist reversibel, es gelang mir durch Verbringen von mit Chlorionen auf die oben beschriebene Weise angereicherten roten Blutscheiben in eine isosmotische Lösung von NaBikarbonat das Chlor wieder aus den Blutkörperchen in die Lösung übergehen zu lassen. (Zu diesen Versuchen ist die Verwendung arterieller Blutscheiben notwendig. Mit Blutkörperchen aus venösem Blut gelingen die Versuche nicht immer.)

In all diesen Versuchen zeigten sich die roten Blutscheiben als ein außerordentlich feines Reagenz für Änderungen des osmotischen Drucks, und wenn die durch die Versuche erhaltenen Zahlenwerte mit den nach den theoretischen Überlegungen vor dem Versuch nicht ganz genau übereinstimmten, so gelang es doch stets, diese Abweichungen eben auch mit Hilfe der Gesetze des osmotischen Drucks zu deuten und in Übereinstimmung zu bringen. All das erscheint um so merkwürdiger, als doch die Annahme der Hülle der roten Blutscheiben erfolgte ohne jede Voraussetzung über die chemische oder sonstige Natur und Eigenschaften derselben.

Unsere Versuche ergeben daher bis jetzt nur, daß die roten Blutkörperchen sich vollkommen so verhalten, als ob sie eine Hülle mit den

---

[1]) Ostermann, Dissertation; Gießen 1901.

Eigenschaften der semipermeablen Membran hätten; mehr nicht. Die Hülle könnte hiernach also ebensogut aus einer histologischen Membran wie aus einer flüssigen Substanz, ja sogar aus einer Gasschicht bestehen.

Naturgemäß gilt es nun die Frage nach der chemischen Natur der Hülle zu beantworten. Die bisherigen Beobachtungen geben die Möglichkeit, auch hierin weiter zu kommen. Das Quellen der roten Blutscheiben beim Einbringen in Lösungen geringen osmotischen Drucks bis zur vollständigen Hämolyse im Wasser führt zu der Auffassung, daß diese Wasserhämolyse dadurch zustande kommt, daß die Hülle so lange ausgedehnt wird, bis sie schließlich platzt und ihren Inhalt an die Umgebung abgibt. Die Ursache des Lackfarbenwerdens wäre nach dieser Vorstellung ein Undichtwerden, eine Verletzung der Hülle, hier durch den osmotischen Überdruck im Innern. Verhindern wir die Verletzung der Hülle, die Wasserhämolyse, durch Verbringen und Belassen der roten Blutkörperchen in einer isosmotischen neutralen Rohrzuckerlösung, so können wir die Wirkung auf die Hülle chemisch einwirkender Stoffe untersuchen und hieraus wiederum Schlüsse auf die Natur der Hülle ziehen[1]). Dies gelang. Es konnte Lackfarbenwerden der roten Blutkörperchen erzielt werden; außer 1. durch Wasser; 2. durch Wärme; 3. durch fettlösende Stoffe (Äther, Chloroform usw.); 4. durch Säuren, also durch H-Ionen; 5. durch Alkali, also durch OH-Ionen. Die verschiedenen Formen der Hämolyse werden verständlich, wenn wir annehmen, daß die Hülle der roten Blutkörperchen aus einem Fett oder fettähnlichem Stoff besteht oder auch nur enthält. Durch alle die genannten Agenzien wird Fett beeinflußt, angegriffen, dadurch die Hülle verletzt und der Austritt des Inhalts der roten Blutscheiben in die Umgebung möglich. Besteht diese Annahme zu Recht, so müßte es möglich sein, die Hülle der roten Blutscheiben vom Inhalt zu befreien und sichtbar zu machen. Am einfachsten geschied dies bei der Wasserhämolyse[2]). Hier wird die Hülle nicht chemisch angegriffen, nur mechanisch verletzt. In dem lackfarbenen Wasser müssen die Hüllen noch vorhanden sein, unterm Mikroskop sind sie aber nicht aufzufinden. Sie sind aber doch da, in einer Salzlösung sind sie sichtbar; auch im destillierten Wasser kann man sie sichtbar machen, wenn man etwas Metylviolettlösung von dem Rand des Deckgläschens in das Wasser diffundieren läßt, sie färben sich dann violett. Diese Gebilde, die wir geneigt sind als die Hüllen der roten Blutscheiben anzusprechen, sind also in Wasser nicht löslich, sie quellen nicht, sie lassen sich durch Methylviolett färben, was mit der Annahme, daß sie Fett enthalten, in Übereinstimmung steht, denn Methylviolett färbt Fett. Ob aber diese Gebilde, die bisher als „Schatten" oder „Stroma" bezeichnet wurden, nun wirklich die hypothetischen semipermeablen Wände der roten Blutscheiben sind, das ist noch nicht bewiesen. Auch über eine ev. Membrannatur läßt sich nichts Sicheres aussagen. Zwar erscheinen unter dem Mikroskop, besonders wenn die Suspensionsflüssigkeit in fließender Bewegung ist, diese Gebilde nicht als Scheib-

---

[1]) Pflügers Archiv. 1903. [2]) Pflügers Archiv Bd. 107. 1905.

chen, sondern als Hüllen, leere Blasen, welche Löcher zeigen und Falten. Es ist immerhin möglich, daß diese scheinbar festen Hüllen aus vielleicht einem flüssigen Zustand entstanden sind. Die Ansicht, daß die roten Blutkörperchen Gebilde mit einer körperlichen Hülle sind, und daß diese Hülle eine Hämoglobinlösung umgibt, verlangt eben einen direkten Nachweis dieser Hülle am lebenden ungefärbten Blutkörperchen. Ich glaube diesen Nachweis bringen zu können. Wenn man mit einer hochtourigen Zentrifuge einen Blutstropfen ohne jeden Zusatz in einer Glasröhre zentrifugiert, so gelingt die Trennung der Blutkörperchen vom Plasma in vollkommener Weise. Die Blutkörperchensäule erscheint dann vollkommen transparent, lackfarben. Trotzdem sind die Blutscheiben vollkommen unverletzt, wie man sich im Mikroskop überzeugen kann, nachdem man sie in eine Salzlösung ausgeblasen hat. Diese Suspension der roten Blutscheiben in der Salzlösung erscheint nun wieder deckfarben. Die Ursache der Lackfarbe der Blutkörperchensäule nach dem Zentrifugieren erblicke ich darin, daß durch die hohe Zentrifugalkraft jede Spur von Flüssigkeit zwischen den roten Blutscheiben verdrängt worden ist und die Lichtstrahlen jetzt ohne Reflexion durch die Körperchen hindurchgehen. Bringt man von dieser Blutkörperchensäule, in der also die roten Blutkörperchen ohne jeden Zwischenraum aneinander liegen müssen, in dünnster Schicht unter das Mikroskop, so hat man einen ganz ungewohnten, eigenartigen Anblick. Man sieht ein Bild ähnlich dem Durchschnitt von Holundermark, nämlich rote, mehr oder weniger regelmäßige sechseckige Flächen, welche durch vollkommen helle, scharf konturierte Leisten umgeben sind. Diese hellen Leisten können als nichts anderes als die sich berührenden Hüllen der roten Blutscheiben gedeutet werden. Unter dem Mikroskop erscheinen auch bei schärfster Vergrößerung diese Leisten, die farblosen Hüllen der roten Blutkörperchen, homogen, ohne jede Struktur. Auch von einer Abgrenzung der Hüllen der Blutscheiben gegeneinander ist unter dem Mikroskop nichts zu erkennen. Halb- oder zähflüssige Hüllen (Eugen Albrecht) der roten Blutscheiben kann man sich bei so inniger Berührung ineinandergelaufen vorstellen und dadurch das Unsichtbarwerden der Grenzen erklären. Ein vollständiges Ineinanderlaufen der Hüllen kann aber doch nicht erfolgt sein, sonst könnten sich beim Ausblasen der Blutsäule in eine Salzlösung die Blutscheiben nicht wieder voneinander trennen, wie wir das beobachtet haben. Hier haben weitere Untersuchungen einzusetzen. Auch die oben geschilderten, bei der Wasserhämolyse entstehenden Gebilde, die Schatten, zeigen unter dem Mikroskop ebenfalls keine Spur von Struktur, auch die gefärbten Schatten hatten gleichmäßige homogene Färbung. Trotzdem ist dadurch nicht bewiesen, daß die Hüllen nur aus einem einzigen Stoff bestehen. Aus den oben angeführten Überlegungen war auf eine fettartige Natur geschlossen worden, oder wenigstens darauf, daß in den Hüllen Fett ist. Untersuchungen[1]) über Hämolyse durch Alkohol und durch Natronlauge an Blutkörperchen von verschiedenen Quellungs-

---

[1]) Küper, Dissertation. Gießen 1905.

und Schrumpfungsgraden führten zu Ergebnissen, welche den Schluß erlauben, daß in den Hüllen außer den fettartigen Bestandteilen auch eiweißartige Bestandteile sein müssen. Durch diese Ausführungen glaube ich überzeugend nachgewiesen zu haben, wie in systematischer Weise die anfänglich nur als Arbeitshypothese aufgefaßte Behauptung: „Die roten Blutscheiben sind von einer semipermeablen Hülle umgeben“ sich nach und nach als wohlbegründete Tatsache herausstellte, und wie sogar diese Hülle sichtbar gemacht und über ihre chemische Natur einige Aufschlüsse erlangt wurden. Andererseits tritt die Bedeutung physikalisch-chemischer Betrachtungsweise in helles Licht. Sie führte zu grundlegenden neuen Anschauungen über den Stoffwechsel, insbesondere darüber, wie wir uns den Ionenaustausch, die Wirkungsweise der Salze in Fragen des Stoffwechsels vorzustellen haben.

(Aus der schulhygienischen Abtlg. d. Ministeriums der Unterrichtsangelegenheiten, Athen. Vorstand: Prof. Dr. E. N. Lampadarios)

Die Skoliose in den Schulen Griechenlands.

Von

Emmanuel Lampadarios.

Frequenz: Auch in Griechenland ist die Skoliose sehr häufig. So haben wir durch unsere Untersuchungen (1912—1917) im ganzen 20 % gefunden, w. f.

	Bei 1735	Knaben	(von 15 bis 16 Jahren)	285 = 16,5 %	
	„ 770	Mädchen	(„ 15 „ 16 „)	216 = 28 %	
in toto	„ 2505	Schulkindern		501 = 20 %,	und
	„ 18000	„	(1913 bis 1920)	3960 = 22 %	

Diejenigen Fälle, die infolge der Rachitis bei uns glücklicherweise selten vorkommen, sind nicht mitberechnet.

Ursache: Die mangelhaften Haltungen und die Mißstände im Subsell sind die hauptsächlichsten Ursachen dazu. Das Kind sitzt auf einer Schulbank mit fehlerhaften Proportionen in bezug auf seine Körperlänge; anfangs leistet es noch genug Widerstand gegen die ungünstige Stellung; dann aber sucht es zu großem Bedauern des Lehrers eine bequemere, aber schlechte Stellung und gewöhnt sich allmählich an diese, so daß die Skoliose zunächst vorübergehend und dann endgültig eintritt. Auch beim Nähen, Zeichnen und Schreiben an Tischen mit mangelhaften Proportionen nimmt das Schulkind notwendigerweise eine schlechte Haltung an, welche auf die Dauer die Wirbelsäule schwer entstellt.

Die Myopie spielt auch eine große Rolle in bezug auf die Entstehung der Skoliose; sie zwingt das Kind, unrichtige Körperstellung anzunehmen und den Kopf der Näharbeit oder dem Buche näher zu bringen.

Andere Ursachen der Skoliose sind ungenügendes Licht und dessen ungünstige Fallrichtung.

Auch Vererbung, Nachlassen des Turgors der Zellengewebe, Schwäche der Muskulatur, konstitutionelle Störung der Pubertät, Chlorose, Blutarmut, Syphilis und im allgemeinen alle Ansteckungskrankheiten kommen als weitere Ursachen in Betracht.

Alter: In bezug auf das Alter, bei welchem die Skoliose am häufigsten auftritt, sind die Forscher sich nicht einig. Key z. B. hat im Alter von 18—21 Jahren die häufigsten Fälle gefunden.

Krug fand im Alter von		Mayer fand im Alter von	
8 bis 9 Jahren	14,5 %	6 bis 7 Jahren	43,65 %
10 „	17,5 %	7 „ 9 „	53,75 %
12 „	24 %	8 „ 10 „	56 %
14 bis 16 „	32 %	10 „ 12 „	57,11 %
		12 „ 13 „	70,9 % max.

Eulenburg konstatierte, daß die Skoliose sich schnell ausbildet bis zum Alter von 10 Jahren, darauf verringert sie sich wieder.

Beobachtungen von Eulenburg ergeben in den Jahren von

0 bis 2	0,50 %	7 bis 10	56,4 %
2 „ 3	2,10 %	10 „ 14	10,70 %
3 „ 4	0,90 %	14 „ 20	2,80 %
5 „ 6	3,30 %	20 „ 30	0,70 %
6 „ 7	21 %		

Combe, Scholder und Weith nähern sich den Angaben Krugs.

Sie fanden im Alter von

8 Jahren	7,8 %	12 Jahren	27,1 %
9 „	16,7 %	13 „	26,3 %
10 „	18,3 %	14 „	33,3 %
11 „	24,2 %		

Kotelmann fand im Alter von

9 bis 11 Jahren	0,71 %	15 bis 17 Jahren	1,42 %
12 „ 14 „	0,40 %	18 „ 21 „	4,61 %

Die Resultate unserer diesbezüglichen Untersuchungen in Griechenland sind folgende:

Bei Knaben im Alter von		Bei Mädchen im Alter von	
6 bis 8 Jahren	14,3 %	6 Jahren	0 %
8 „ 10 „	18,1 % max.	7 bis 9 „	22,2 %
10 „ 12 „	17 %	9 „ 10 „	30,0 %
12 „ 13 „	16,7 %	10 „ 11 „	33,3 % max.
13 „ 15 „	16,7 %	11 „ 12 „	31,0 %
		12 „ 13 „	16,3 %

Es ergeben sich daraus große Abweichungen in den Resultaten in bezug auf das Alter, bei welchem die Skoliose ihre höchste Frequenz erreicht. Nur in einem stimmen alle Forscher überein, nämlich, daß im Schulleben die Skoliose sich bis zu einem gewissen Alter vermehrt.

Geschlecht: Unsere Statistik zeigt auch, daß die Mädchen mehr zur Skoliose neigen als die Knaben. Auch Eulenburg fand eine Proportion 1:10 zwischen Knaben und Mädchen. Combe, Schölder und Weith fanden bei Knaben 23% Skoliose, bei Mädchen 27%. Ever fand bei 100 an Skoliose leidenden Kindern: 7 Knaben und 93 Mädchen. Wilberger fand unter 100 Kindern 16—20 Knaben und 84 Mädchen. Kölliker fand in 721 Fällen 577 Mädchen und 144 Knaben. Revar 200 Mädchen und 37 Knaben und Guillaume in Neuchâtel 17,71 % Fälle bei Knaben und 40,94 % bei Mädchen.

In Griechenland haben wir folgendes gefunden:

Unter 1735 Knaben 285 Skoliosefälle = 16,5 %
„ 770 „ 216 „ = 28 %

Gestalt der Skoliose: Die Skoliose kann mit einfacher oder mehreren Verkrümmungen auftreten. Am häufigsten ist nach den folgenden Forschern die einfache Skoliose nach rechts.

In	742	Fällen	fand	Adams	619	nach	rechts	u.	123	nach links
„	85	„	„	Dally	58	„	„	„	27	„ „
„	45	„	„	Parow	35	„	„	„	10	„ „
„	751	„	„	Rey	691	„	„	„	60	„ „
„	6	„	„	Lechaft	5	„	„	„	1	„ „
„	38	„	„	Dufestel	27	„	„	„	11	„ „
im ganzen bei	1667	Fällen			1435	nach	rechts	u.	232	nach links

Aber andere Forscher behaupten, daß die Skoliose nach links die häufigste sei. So fand beispielsweise Drachmann in 1308 Fällen 581 mit einfacher Verkrümmung nach rechts und 737 nach links, 39 mit beiderseitiger Verkrümmung. Krug sah in 344 Fällen 231 nach links und 72 nach rechts. In Griechenland fand ich in 501 Fällen 50 % Skoliose nach rechts, 47 % nach links und den Rest mit beiderseitiger Verkrümmung.

Vorsichtsmaßregeln: Um die Skoliose zu bekämpfen, müssen wir vor allem die Haltung der Kinder beim Schreiben, Zeichnen usw. sorgfältig überwachen. Eine Schulbank, der Körperlänge, der Beschäftigung des Kindes und seinen verschiedenen Stellungen gut angepaßt, ist die beste Vorsichtsmaßregel; nebenbei bemerkt bei gutem Lichte.

Schlußfolgerung: Unsere Untersuchungen ergaben:

1. daß die Skoliose in Griechenland häufig ist;
2. daß dieselbe im Schulleben auftritt;
3. daß sie sich mit dem Alter und der Unterrichtsdauer vermehrt;
4. daß sie auch schon im vorschulpflichtigen Alter (allerdings in Griechenland sehr selten) vorkommt;
5. daß die rachitische Skoliose wegen des guten Körperbaues der Eltern, der ausreichenden Ernährungsverhältnisse und der günstigen klimatischen Einflüsse des Landes in Griechenland nicht häufig ist.

Die Entwicklung des Schularztwesens in Österreich.

Von

Hanns Orthner.

Den ersten Anstoß dazu, über den Einfluß des Schulbetriebes auf die Gesundheit der Schulkinder nachzudenken, gab die allgemeine Wahrnehmung, daß die Kurzsichtigkeit, besonders in den gebildeten Kreisen der Bevölkerung, in auffälliger Weise zunehme. Diese Wahrnehmung veranlaßte in den sechziger Jahren des vorigen Jahrhunderts, zu einer Zeit, „in der weder das Wort Schularzt noch das Wort Schulhygiene" existierte, den Professor der Augenheilkunde an der Universität in Breslau, Dr. Hermann Cohn, die Augen von 10000 Schulkindern in Breslau zu untersuchen, um die Ursachen der zunehmenden Kurzsichtigkeit zu finden und Vorbeugungsvorschläge machen zu können. Durch die Resultate dieser Untersuchungen wurde die Kurzsichtigkeit als die ausgebreitetste Schulkrankheit erwiesen und die Aufmerksamkeit weiter Kreise der Bevölkerung auf die Notwendigkeit von Vorkehrungen gegen die aus dem Schulbesuche für die Gesundheit der Kinder erwachsenden Gefahren gelenkt: damit wurde erst der Begriff der Schulhygiene geprägt.

Da bisher in Österreich, wie in den übrigen Kulturstaaten, als die Aufgabe der Schule fast ausschließlich die geistige Entwicklung der heranwachsenden Jugend angesehen wurde, bezeichnet auch das österreichische Reichsschulgesetz vom 14. Mai 1869 als Aufgabe der Volksschule nur die sittlich-religiöse Erziehung und die Entwicklung der Geistestätigkeit der Kinder, um „sie mit den zur weiteren Ausbildung für das Leben erforderlichen Kenntnissen und Fertigkeiten auszustatten und die Grundlage für Heranbildung tüchtiger Menschen und Mitglieder des Gemeinwesens zu schaffen". Auf die körperliche Beschaffenheit und Entwicklung der Kinder nimmt das Volksschulgesetz nur insofern Rücksicht, als unter die Unterrichtsgegenstände Leibesübungen — seit 1883 nur für Knaben obligat — aufgenommen und von der Schulpflicht jene Kinder enthoben sind, „denen ein dem Unterrichtszwecke oder Schulbesuche hinderliches geistiges oder schweres körperliches Gebrechen anhaftet". § 63 des Reichsvolksschulgesetzes bestimmt, daß jede Schule die erforderlichen, den Bedürfnissen des

Unterrichts und der **Gesundheitspflege** entsprechenden Schullokalitäten besitzen soll, und der Normalerlaß des k. k. Unterrichtsministeriums vom 9. Juni 1873 hat in Ausführung dieser Bestimmung die näheren Anordnungen über die Ausführung der Schulbauten getroffen.

Auch das Reichssanitätsgesetz vom 30. Mai 1870 erwähnt mit keinem Worte die Verpflichtung der Sanitätsorgane, der Gesundheitspflege in den Schulen ihre Aufmerksamkeit zuzuwenden, und das Reichsgemeindegesetz vom 5. März 1862 hat unter die Aufgaben der Gemeinde nur die durch das Gesetz — das spätere Reichsschulgesetz — zu regelnde Einflußnahme auf die von der Gemeinde erhaltenen Mittelschulen und Volksschulen und die Sorge für die Errichtung, Erhaltung und Dotierung derselben angeführt. Diese Verpflichtung ist aber nach den darüber erlassenen Landesgesetzen ausdrücklich auf die Herstellung, Erhaltung, Einrichtung, Miete und Beheizung der Schullokalitäten und auf die Herstellung von Lehrerwohnungen beschränkt.

In Konsequenz dieser gesetzlichen Bestimmungen, welche von einer gesundheitsgemäßen Erziehung der Kinder vollkommen absehen, wird zwar in allen Schulbehörden den Vertretern der einzelnen Konfessionen und des Lehrerstandes sowie des Staates und der Gemeinden, aber nicht den Ärzten Sitz und Stimme gewährt.

Bei dieser Sachlage, bei dem Mangel gesetzlicher Bestimmungen über die Schulgesundheitspflege, konnte sich dieselbe nur allmählig durch Verordnungen der Schulbehörden Eingang in den Schulbetrieb verschaffen. So wurden durch verschiedene Ministerialverordnungen die Einführung von Elternabenden empfohlen und gegen die Überbürdung der Schüler und bezüglich der Schuleinrichtungen und des Unterrichtsbetriebes sanitäre Vorkehrungen getroffen. Die Förderung der körperlichen Erziehung und Ausbildung der Jugend wurde zunächst durch den Ministerial-Erlaß vom 15. September 1890 – und später vom 24. Febr. 1904 – für die Mittelschuljugend und weiterhin durch die Schul- und Unterrichtsordnung vom 29. September 1905 auch für die Volks- und Bürgerschulen angeordnet, mit welcher die Schulbehörden angewiesen wurden, die Bestrebungen der Lehrer hinsichtlich der Förderung der körperlichen Ausbildung und Erziehung der Schüler durch eifrige Pflege der Jugendspiele und aller nützlichen körperlichen Übungen, wie Schwimmen, Eislaufen u. dgl., bei den Schulerhaltern zu unterstützen. Durch diese Verordnung wurde auch angeordnet, daß mit der Wahrnehmung der gesundheitlichen Interessen der Schule Ärzte betraut werden sollen.

In diesem letzteren Erlasse über die Schul- und Unterrichtsordnung zeigen sich in Österreich bereits die ersten Früchte des glänzenden Erfolges des unter der Leitung des verdienstvollen Präsidenten des deutschen Vereins für Schulgesundheitspflege, Prof. Dr. **Hermann Griesbach**, abgehaltenen Schulhygienischen Kongresses in Nürnberg im Jahre 1904, indem in demselben auch die Einschaltung von Unterrichtspausen, die Berücksichtigung der Vorschriften der Gesundheitspflege bei der Feststellung der Lehrpläne, die Durchführung von Schülerausflügen, die Errichtung von Hilfs- und Förderklassen angeordnet und die Einrichtung des ungeteilten Vormittagsunterrichtes empfohlen wird.

Wenn auch alle diese Verfügungen darauf hindeuten, daß schon im alten Kaiserstaate Österreich-Ungarn die obersten Schulbehörden der körperlichen Erziehung der Jugend im Unterrichtsbetriebe Geltung zu verschaffen suchten, so fehlt immer noch der Gleichberechtigung der körperlichen und geistigen Erziehung die gesetzliche Anerkennung, welche für das Volksschulwesen eine Ergänzung des § 1 des Reichsvolksschulgesetzes in der Richtung erfordert, daß unter die Aufgaben der Volksschule außer der sittlich-religiösen auch die gesundheitsgemäße Erziehung eingereiht wird.

Die zunehmende Erkenntnis der Notwendigkeit einer größeren Rücksichtnahme auf die körperlichen Verhältnisse der Jugend im Schulbetriebe mußte folgerichtig auch zu der Überzeugung führen, daß alle Maßnahmen der körperlichen und geistigen Erziehung eine fachmännische Beurteilung voraussetzen, zu welcher nur solche Personen befähigt sind, welche sich berufsmäßig mit dem Menschen als Individuum beschäftigen, welche durch jahrelanges Studium und praktische Erfahrung sich eine genaue Kenntnis der Anatomie und Physiologie, der Krankheitserscheinungen mit ihren Folgen und Ursachen, des Einflusses der Außenwelt auf das körperliche und geistige Befinden des Menschen erworben haben: bei allen Fragen, welche in bezug auf die körperlichen Verhältnisse der Jugend an die Schule herantreten, stellt sich das Bedürfnis ein, die Antwort von dem Arzte zu erbitten. Der Arzt stellt sich somit als ein wichtiger Faktor in dem ganzen Schulbetriebe dar, welchem er nicht bloß äußerlich und zufällig, sondern dauernd und organisatorisch angegliedert sein soll.

Mit der Beurteilung der hygienischen und sanitären Verhältnisse des Schulbetriebes ist jedoch die Aufgabe des Schularztes nicht erschöpft und muß noch durch den Unterricht der Schüler in der Gesundheitslehre ergänzt werden, da eine gesundheitsgemäße Lebensweise durch behördliche Maßregeln nicht erzwungen, sondern nur durch die innerste Überzeugung von dem Werte dieser Verfügungen erreicht werden kann, weshalb hygienischer Unterricht und hygienische Erziehung in der Schule Eingang finden müssen[1]). Die Aufgabe des Schularztes, dessen obligatorische Einführung in allen Staaten und für alle Schulkategorien vom schulhygienischen Kongresse in Nürnberg für notwendig erkannt wurde, zerfällt somit in den hygienischen Kontrolldienst und in den Unterricht in der Gesundheitslehre.

Gegen die Einführung des schulhygienischen Dienstes stellten sich in Österreich einerseits von seiten der Lehrerschaft und anderseits von seiten der Gemeinden Bedenken entgegen, indem die ersteren eine Einmischung der Ärzte in den Schulbetrieb und eine Unterordnung unter dieselben, die Gemeinden aber einen Eingriff in ihre Autonomie und

[1]) Für die Erteilung dieses hygienischen Unterrichts in den Schulen hat Primärarzt Dr. Franz Orthner in Ried i/J einen „Katechismus der Gesundheitslehre für die deutsche Jugend“ mit einem „Leitfaden für die Lehrer“ verfaßt, welcher 1924 im österreichischen Schulbücherverlage erschienen ist.

eine Vermehrung der Kosten des Gemeindehaushalts befürchteten. Je mehr aber diese Bedenken als unberechtigt erkannt und die günstigen Erfolge der schulärztlichen Einrichtung sichtbar wurden, wichen dieselben einer vielfach begeisterten Zustimmung.

Nachdem in Brünn der schulärztliche Dienst organisiert worden war, folgten eine Reihe von größeren und kleineren Städten und unter den Industrialorten zunächst Berndorf bei Wien diesem Beispiele, indem der bekannte Großindustrielle Krupp in den dortigen Schulen im Jahre 1904 den schulärztlichen Dienst einführte. Dabei wurde stets der Grundsatz festgehalten, daß der Schularzt weder in einer unter- noch übergeordneten Stellung zum Lehrkörper sich befinden, sondern nur ein technischer Berater der Schulbehörde sein soll.

Durch Verfügung des Ministeriums für öffentliche Arbeiten wurde mit Beginn des Jahres 1910 in 26 gewerblichen Fortbildungsschulen in Wien zunächst versuchsweise der schulärztliche Dienst eingeführt, mit welchem auch der Unterricht der Gesundheitslehre der Arbeiter im allgemeinen und in ihrem speziellen Gewerbe verbunden war. An den Fortbildungsschulen für Mädchen wurde eine Ärztin als Schularzt bestellt. Nach der von Dr. Max Winter verfaßten Dienstordnung sollen auf jeden Schularzt (6 Ärzte und 1 Ärztin) 100 Stunden ihrer Tätigkeit entfallen, davon ein Drittel auf Untersuchungen und zwei Drittel auf den Unterricht. Im ganzen wurden 3436 Lehrlinge der schulärztlichen Überwachung unterstellt. Das anfängliche Mißtrauen der Lehrlinge, welches sie der neuen Einrichtung entgegenbrachten, wurde durch die günstigen Resultate derselben bald von einem vollen Vertrauen ersetzt. Die Untersuchungen wurden teils in Turnsälen, teils in Lehrzimmern vorgenommen. Nach den im Verlaufe der Zeit gemachten Erfahrungen wurde die Dienstordnung später dahin abgeändert, daß die Untersuchungen in gut belichteten Lokalen bei Tageslicht vorzunehmen, die Augen- und Ohrenkranken an die betreffende Universitätsklinik zu verweisen und in jeder Schule wöchentlich eine Sprechstunde abzuhalten sei. Außerdem wurden auch einige Abänderungen in den Befundscheinen vorgenommen.

Nachdem bereits im Jahre 1903 der Ministerpräsident auf die Wichtigkeit der Aufklärung breiter Volksschichten über die Gefahren der Zahnerkrankungen hingewiesen hatte, und in den Jahren 1904 und 1905 bezügliche Erlässe der steiermärkischen Statthalterei und des Landesschulrates in Kärnten ergangen waren, nahm die Schulzahnpflege in den größeren Städten bald einen erfreulichen Aufschwung. In Wien wurde in 8 Waisenhäusern mit 3000 Kindern sowie in den Lehrerbildungsanstalten und in den Gewerbeschulen der zahnärztliche Dienst eingeführt, welcher in den letzteren von den Schulärzten besorgt wurde. In Berndorf bei Wien wurden im Jahre 1907 für die Volks- und Bürgerschulen und für das Privatrealgymnasium Schulzahnärzte bestellt und im Jahre 1909 eine Schulzahnklinik errichtet. Nach den Berichten der Direktionen der Mittelschulen in Österreich waren bereits im Schuljahre 1903/04 bis zu 93% der Schüler in regelmäßiger zahnärztlicher Behandlung. In Graz und Innsbruck wird der zahnärztliche

Dienst für die Schulkinder von den Universitätskliniken besorgt und in den Volks- und Bürgerschulen werden unbemittelten Kindern Zahnbürsten und Zahnpulver verabfolgt. Nach den von den Direktionen der Mittelschulen seit 1904 jährlich zu erstattenden Berichten über die körperliche Ausbildung der Schüler durch Turnen und Jugendspiele, Eislaufen, Eisschießen, Tanzen, Baden, Schwimmen und Schulausflüge ergeben sich auch bezüglich der Zahnpflege, welche teils von Schulärzten, teils von Zahnärzten besorgt wird, recht erfreuliche Resultate, welche besonders durch die Belehrung der Schüler von der 2. Klasse an über die schweren hygienischen Schäden einer schlechten Zahnbeschaffenheit und der Möglichkeit einer zahnärztlichen Vorbeugung, eines rechtzeitigen Zahnersatzes und einer planmäßigen Pflege der Kauwerkzeuge erzielt wurden.

Mit dem Ministerialerlasse vom 22. Oktober 1909 wurde die Entlohnung der Schulärzte an den Mittelschulen mit 40 Kr. für jeden Jahrgang und jede Klasse festgelegt und mit dem Erlasse des Bundesministeriums für Unterricht vom 20. März 1923 dahin ergänzt, daß für jedes angefangene Hundert der Schüler der Anstalt die Remuneration für eine halbe wöchentliche Mehrleistungsstunde eines wissenschaftlichen Lehrers, auf zehn Monate verteilt, bestimmt wurde. Die Kosten des schulärztlichen Dienstes werden aus den Schülerbeiträgen für körperliche Erziehung gedeckt, zu welchen zahlungsfähige Eltern herangezogen werden. Die Landesschulräte wurden beauftragt, auf eine rasche und allgemeine Einführung des schulärztlichen Dienstes an den Mittelschulen, zu welchen hauptsächlich die Amtsärzte der politischen Behörden heranzuziehen wären, hinzuwirken. Der Dienst der Schulärzte, welche auch den Beratungen des Lehrkörpers zugezogen werden können, hat sich zu erstrecken auf die Aufsicht über die sanitären Einrichtungen, auf die Untersuchung und Überwachung der neu eintretenden und der Überwachungsschüler, auf das Auftreten von Infektionskrankheiten, auf Krankheitsurlaube, auf die Befreiung von einzelnen Unterrichtsgegenständen, auf die Abhaltung von Sprechstunden in eigens dazu bestimmten Schularztzimmern und auf Vorträge über Gesundheitspflege, welche sich im letzten Jahrgange auch auf die Geschlechtskrankheiten beziehen sollen. In jeder Schule soll auch ein Rettungsschrank vorhanden sein.

An einigen staatlichen Lehrerbildungsanstalten und Übungsschulen wurde im Jahre 1909 der schulärztliche Dienst provisorisch eingerichtet, dessen auffälliger praktischer Nutzen bei den Eltern und Übungsschülern überall dankbare Anerkennung gefunden hat. Es wurde jedoch von den Schulärzten festgestellt, daß bei dem Mangel an den nötigen Untersuchungslokalen und Apparaten die Untersuchung nur eine lückenhafte sein konnte. Die schulärztliche Tätigkeit beschränkte sich in den Übungsschulen der Lehrerbildungsanstalten auf die vorgeschriebene Klasseninspektion, wobei jene Schüler vorgerufen und bei bekleidetem Körper einer oberflächlichen Untersuchung unterzogen wurden, deren Eltern auf dem Fragebogen Krankheitszustände und Gebrechen ihrer Kinder angegeben hatten, welche auch tatsächlich von den Schulärzten in den meisten Fällen festgestellt werden konnten. Die Untersuchung der Größe und des Körpergewichtes der Schüler wird meistens ein bis zweimal im Jahre von den Turnlehrern, die oberflächliche Prüfung des Seh- und Hörvermögens häufig von anderen Lehrkräften vorgenommen. Von einer Anstaltsdirektion wurde über die belästigende Schreibarbeit geklagt, und vorgeschlagen, daß zur Vereinfachung des Gesundheitsbogens nur die Rubriken für Mund und Zähne, Augen und Ohren und früher überstandene Krankheiten beizubehalten wären, die Feststellung des Brustumfanges aber entfallen sollte.

Für die Unterweisung der Lehramtskandidaten in der Gesundheitslehre wurde in Österreich dadurch vorgesorgt, daß schon durch den Ministerialerlaß vom 12. Januar 1891 die Erteilung des somatischen und hygienischen Teiles des naturwissenschaftlichen Unterrichts an den Lehrer- und Lehrerinnenbildungsanstalten hierzu geeigneten Ärzten übertragen wurde. Mit der Verordnung des Unterrichtsministeriums vom 17. Dezember 1896 wurde eine Instruktion für diese ärztlichen Dozenten erlassen, welche die Art der Erteilung des Unterrichts und ihre Stellung im Lehrkörper der Anstalten regelt. Nach dieser Instruktion ist bei dem Unterrichte derart vorzugehen, daß sich der Lehrer mit seinen Zöglingen in fortgehenden unterrichtlichen Kontakt setze, die Schüler zum Mitdenken und Mitarbeiten veranlasse, eine möglichst selbständige Reproduktion seitens derselben anstrebe und jede Unterrichtsstunde nicht bloß zu einer Lehrstunde, sondern auch zu einer Lernstunde gestalte. Im Sommersemester des ersten Jahrganges wird wöchentlich durch zwei Stunden über Somatologie und im Wintersemester des vierten Jahrganges über Schulgesundheitspflege vorgetragen. Die Stellung des Schularztes im Lehrkörper weicht nur insofern von jener der übrigen Lehrpersonen ab, als mit Rücksicht auf seine sonstige eigentliche Berufstätigkeit bei Feststellung der Unterrichtszeit seinen Wünschen möglichst Rechnung zu tragen, als er zwar berechtigt, aber in der Regel nicht verpflichtet ist, an den Konferenzen teilzunehmen, an welchen ihm eine beratende, in Angelegenheiten seines Faches auch eine beschließende Stimme zukommt. Er ist auch von der Führung der verschiedenen Amtsschriften enthoben und bei den Reifeprüfungen nur verpflichtet, ohne ordentliches Mitglied der Prüfungskommission zu werden, als Mitprüfer der Naturgeschichte zu fungieren und bei der Feststellung der Noten aus Naturgeschichte mitzustimmen, daher auch nur bei der Prüfung aus Naturgeschichte anwesend zu sein.

Damit auch den Kandidaten für das Lehramt an Mittelschulen eine entsprechende Ausbildung auf dem Gebiete der Schulhygiene zuteil werde, hat das Unterrichtsministerium bereits im Jahre 1896 die Verfügung getroffen, daß an den medizinischen Fakultäten Vorträge über Schulgesundheitspflege unentgeltlich für Lehramtskandidaten abgehalten werden, welche bei der Meldung zur Prüfung den Besuch dieser Vorträge nachzuweisen haben.

Nach dem Berichte Burgersteins im „österr. Sanitätswesen" wirkten im Jahre 1914 in Wien an 29 Mittelschulen mit 14000 Knaben und

Mädchen meist je ein Schularzt, welcher über Vorschlag des Direktors bestellt wird, an den Mädchenmittelschulen je eine Schulärztin. Die Untersuchungsräume in diesen Schulen sollen tunlichst 7 m lang und gehörig belichtet sein. Die Gesundheitsbogen werden teils vom Schularzte, teils vom Hausarzte ausgefertigt, die Untersuchungen über Gewicht, Größe und Brustumfang der Schüler zuweilen vom Turnlehrer vorgenommen. Die schulärztlichen Sprechstunden, an welchen auch die Eltern der Schüler teilnehmen können, werden zweimal wöchentlich abgehalten, wovon eine Stunde hauptsächlich der Belehrung der Schüler gewidmet wird. Den Schulärzten obliegt auch die Untersuchung der Schulfähigkeit der Rekonvaleszenten. Die schulärztlichen Befunde werden teils den Eltern, teils den Hausärzten zugestellt und in den Klassenkatalogen teilweise auch die Daten über die körperliche Beschaffenheit der Schüler (Hör- und Sehschärfe, Körperlänge usw.) eingetragen. Die schulärztliche Berichterstattung entbehrt leider der wünschenswerten Einheitlichkeit.

Während die schulärztliche Einrichtung in größeren Städten und Industrialorten größtenteils bereits eingeführt ist, entbehren die Landgemeinden, etwa mit Ausnahme einiger Landstädte, der schulärztlichen Fürsorge. Die Ursache dieses Mangels liegt darin, daß die Landessanitätsgesetze in den Dienstesinstruktionen für die Gemeinde- und Distriktsärzte darüber keine Verfügung getroffen haben. Nur das Salzburger Landessanitätsgesetz vom Jahre 1920 hat den schulärztlichen Dienst für die Sprengelärzte obligatorisch erklärt mit ähnlichen Dienstvorschriften, wie sie für die Mittelschulen bestehen. Darnach steht zu erwarten, daß zunächst im Lande Salzburg und weiterhin auch in den anderen Bundesländern Deutsch-Österreichs der schulärztliche Dienst zur Durchführung kommen wird.

Zu einer weiteren gedeihlichen organisatorischen Ausgestaltung wird die sanitäre Fürsorge für die Schuljugend erst gelangen, wenn dieselbe mit der Säuglings- und Kleinkinderfürsorge und mit der Fürsorge für die schulentlassene Jugend in den Pflichtenkreis der in einzelnen Ländern und größeren Städten schon gegründeten oder im Entstehen begriffenen Jugendämtern einverleibt und den Schulärzten Sitz und Stimme in den Jugendämtern verliehen wird.

(Uit het voormalig Stedelyk Paedologisch Laboratorium, Antwerpen.
Vorstand: Prof. Dr. M. C. Schuyten)

Over functioneele Asymmetrieën by het Schoolkind.

Door

M. C. Schuyten.

I. Voorwoord

Wy wenschen eerst een philologische toelichting te laten voorafgaan, met de bedoeling het begrip van het dynamisch verschynsel waarom het hier gaat, voorafgaandelyk zoo scherp mogelyk te bepalen.

In de woordenboeken kan men lezen dat het woord „asymmetrie" de Grieksche wortels σuv (= met) en μετρον (= maat) bevat, en aanvankelyk doelde op een geheel waarvan de deelen „met maat" (symmetrisch) waren gerangschikt (natuurprodukten: dieren, planten, kristallen, gesteenten, geologische aardlagen; menschelyke voortbrengst: bouwwerken, gebouwen, kunstprodukten, literatuur). Vervolgens werd het woord nog toegepast in de Wetenschap op de Bewegingsleer, hoewel het hier, als de faktor „tyd" mee in rekening komt, vervangen wordt door de uitdrukking „synchronisme" (van σuv en χρονος = tyd).

En dan heeft het begrip zich nog verder uitgebreid. In Mathesis spreekt men van symmetrische punten, en lynen, en vlakken; in Mechanica van symmetrische krachten. Terwyl men het af en toe in Physiologie ook wel eens waagt de uitdrukking „symmetrische functie", opzichtens de as van het menschelyk lichaam of van een bepaald orgaan, te gebruiken.

Van in den aanvang onzer eigen onderzoekingen spraken wy vlotweg van de asymmetrie (Grieksche privatief α = zonder) der spierkracht en der huidgevoeligheid (aesthesiometrie). In hetgeen volgt gaan wy trachten de voornaamste uitkomsten onzer uitsluitelyk Antwerpsche bemoeiingen in deze richting, en die in de 9 Paedologische Jaarboeken (van 1900—1919) alsmede in een groot aantal Verhandelingen, in buitenlandsche Tydschriften verschenen, zyn neergelegd, samenvattend uiteen te zetten. Wy hebben gemeend hiermee nuttig werk te doen, omdat wy hopen dat een breed opgevatte synthese van het asymmetrievraagstuk by het kind, nieuw licht kan verspreiden over het grondvraagstuk der gansche Paedagogiek, met name dat der „algeheele", synchronische (verkeerdelyk „integrale" genoemd) ontwikkeling van het kind.

Wy zyn gelukkig zulks te mogen doen by gelegenheid van de 70e verjaring van Prof. Hermann Griesbach die voor onzen arbeid steeds de levendigste belangstelling aan den dag legde.

II. Asymmetrische verschynsels der Knypkracht

Literatuur:

1. Over de toename der spierkracht by kinderen gedurende het schooljaar. Paedol. Jaarb. I, 1900. Handelingen 3e Vlaamsch Natuur- en Geneeskundig Congres 1899. Zeitschr. f. Psych. u. Physiol. der Sinnesorgane. Bd. 23. 1900.
2. Over de toename der spierkracht by kinderen gedurende het schooljaar. Paedol. Jaarb. V, 1904.
3. Over de veranderlykheid der spierkracht by kinderen gedurende het kalender- en het schooljaar. Paedol. Jaarb. II, 1901. Quatrième Congrès intern. de Psychologie. Paris 1900.
4. Zyn de schoolkinderen der welstellende Antwerpsche burgers spierkrachtiger dan die der min gegoede bevolking? Paedol. Jaarb. III—IV, 1903. Handelingen van het 6e Vlaamsch Natuur- en Geneeskundig Congres. Kortryk 1902.
5. Knypkrachtvariatie en Verstandsontwikkeling der schoolkinderen. Paedol. Jaarb. III—IV, 1903. Handelingen van het 6e Vlaamsch Natuur- en Geneeskundig Congres. Kortryk 1902.
6. Over Rechts- en Linkshandigheid by kinderen. Paedol. Jaarb. V, 1904.
7. Over de leidende faktoren der spierkrachtvariatie. Paedol. Jaarb. V, 1904.
8. Linkshandigheid der bovenste ledematen en verstandelyke hoogte by kinderen. Paedol. Jaarb. VII, 1908—09.
9. Bydrage tot de kennis der Rechts- en Linkshandigheid van de onderste ledematen. Paedol. Jaarb. VII, 1908—09.
10. De Spierkracht (Knypkracht) der Antwerpsche Schoolkinderen in 1899 en 1917. Paedol. Jaarb. IX, 1919.

1. De leerlingen, Jongens en Meisjes, van twee Antwerpsche Lagere Hoofdscholen, tusschen 12 en 16 jaren oud, vertoonden in den aanvang van het schooljaar (Oktober) gemiddeld een onderscheid in knypkracht tusschen de twee handen van 1.5 kg voor de eersten, van 1.5 kg voor de laatsten. Terwyl dezelfde kinderen, die verder elke maand in dezelfde voorwaarden opnieuw werden gemeten, op het laatst van het schooljaar, in July, succ. een spierkrachtsverschil lieten merken van 2.0 en 2.5 kg.

Hieruit mag worden afgeleid dat voor de beide geslachten de asymmetrie der Spierkracht van de beide handen, gedurende het schooljaar beduidend toeneemt, en by de Meisjes sterker dan by de Jongens. Zoo de spierkrachtsontwikkeling voor de hier besproken oefeningen (met den elliptischen dynamometer) van de rechterhand 10 wordt gesteld, dan is over het heele schooljaar, al de uitkomsten saam genomen, die van de linkerhand der Jongens 8.89, die van de linkerhand der Meisjes 8.9. Het overzicht der verzamelde cyfertabellen laat niet toe te besluiten dat de Meisjes blyvend minder asymmetrisch uitvallen dan de Jongens. Onze indruk is — afgezien van het beduidend verschil in absolute spierkracht van de twee geslachten in dezelfde toestanden en voorwaarden van onderzoek — dat Jongens en Meisjes, voor eenzelfde oefening, zich zoo ongeveer gelykelyk asymmetrisch ontwikkelen. (Lit. 1).

2. Een paar jaren later werden dezelfde metingen in andere scholen met kinderen van 10—11 jaar oud ditmaal, herhaald, zoo, dat elke maand andere kinderen van denzelfden ouderdom als de voorgaanden aan de beurt kwamen. Tevens werd ook de techniek van het onderzoek in psychischen zin veranderd: zoo in de voorgaande proefry de oefeningen plaats grepen onder aanmoediging van de kinderen, met de bedoeling hen te doen geven wat zy tot geven in staat waren, zoo viel ditmaal opzettelyk deze prikkel weg, en arbeidden de leerlingen onder den indruk van het oogenblik, als het ware aan zich zelf overgelaten. Ditmaal viel natuurlyk de faktor „toename“ der spierkracht gedeeltelyk weg, en de uitkomst, voor al de tabellen saam genomen, was: Jongens 10 : 9.18, Meisjes 10 : 9.16. Het springt dadelyk in het oog dat deze jongere kinderen uit eigen beweging minder asymmetrisch hebben gereageerd dan de vorige die in doorsnee beduidend ouder waren en knepen onder prikkel. (Lit. 2).

3. Uit zeer omvangryke proeven die voor doel hadden den invloed der Jaargetyden, van de verstandelyke hoogte, en den socialen toestand op de spierkracht te meten, kon nog worden bepaald hoeveel maal de linker knypkracht hooger uitviel dan de rechter (by twee groepen kinderen, Jongens en Meisjes, van 8—9 en 9—10 jaar oud en die elke maand werden afgewisseld). Wy vonden:

	8 j. en 8 m. oud	9 j. en 9 m. oud
Jongens	23.1 % linksh.	22.4 % linksh.
Meisjes	26.1 % „	23.0 % „

Nu wordt voor de adulten aangenomen — naar de internationale Literatuur die in de Paedol. Jaarb. nagenoeg volledig is saamgebracht — dat slechts 2% linkshandigen worden aangetroffen voor de spierkracht der handen. Waaruit dan zou moeten worden afgeleid dat gedurende de schooljaren en het latere leven langzamerhand een meer volledig evenwicht tusschen de twee lichaamshelften, opzichtens de hier besproken spierfunctie, neiging heeft in den loop der jaren tot stand te komen.

Het kwam ook aan den dag in deze proevenryen dat de verstandigste scholieren het minst linkshandig zyn, alsmede de spierkrachtig best ontwikkelden (met de hoogste dynamometercyfers).

Wy spreken over deze omstandigheid wellicht verder in de besluitselen op het einde van dit stuk. (Lit. 3, 4, 5, 6).

4. Weer een viertal jaren later, toen er in de scholen gesproken werd van een meer wetenschappelyke indeeling der scholieren, naar hun lichamelyke gesteldheid en verstandelyke bekwaamheid — daar is echter nooit iets van gekomen, niettegenstaande onze voorstellen — bleek het noodzakelyk het probleem van het verband der linkshandigheid-asymmetrie met den verstandelyken aanleg opnieuw ter hand te nemen.

Wy gebruikten ongeveer dezelfde methode als vroeger, maar de techniek werd psychologisch fel verbeterd, zoodat het mogelyk werd ongemeen nauwkeurig, met een klein aantal proefpersonen (een 80-tal van twee ouderdommen 10 en 11 jaar, Jongens en Meisjes) te arbeiden. De uitkomsten, in de gemiddelden niet alleen, maar ook individueel, waren zeer scherp en overtuigend:

	Jongens	Meisjes
Verstandigen 10 jaar...	10: 9.5	10:9.2
Minder...............	10: 9.8	10:9.6
Verstandigen 11 jaar...	10: 9.5	10:9.3
Minder...............	10:10.1	10:9.8

Er is geen twyfel meer dat de verstandige leerlingen der beide geslachten goed uitgesproken kwalitatief linkshandig meer asymmetrisch zyn dan de minder verstandige. Het aantal linkshandigen is het kleinst by de meer begaafde leerlingen. Door al het materiaal, ook van vroeger (saam meer dan 40.000 metingen), te herzien, kregen wy voor de verstandigen: Jongens 39%, Meisjes 32%; voor de minder ontwikkelden: Jongens 51%, Meisjes 46% linkshandigen (kinderen van 9 en 10 jaar).

Waaruit mag worden afgeleid dat er meer paedagogisch-achterlyken zyn die dynamometrisch linkshandig reageeren dan normale, terwyl dezen kwalitatief sterker asymmetrisch rechtshandig reageeren. Dit laatste wordt vooral mooi duidelyk gemaakt op de Curven. (Lit. 8).

5. Nu bemerkt men niet alleen een asymmetrische krachtsontwikkeling in de bovenste ledematen — die dan ook, natuurlykerwyze, in den anatomischen en physiologischen bouw der armen tot uiting komt —, maar ook de onderste ledematen, de beenen, vertoonen zeer duidelyk een analoog verschynsel, waarvan de anatomische grondslag, by ons weten, voor de eerste maal werd beschreven door Goldberg. (Zie E. Weber, Ursachen und Folgen der Rechtshandigkeit. Halle a. S. 1905.)

Om het verschynsel in de beenen waar de nemen, onderzochten wy de grootte der stappen, by ons zelf en by andere personen, door de afstanden der voetindrukken by het gaan in het harde zand aan den boord der zee te meten. Wy geven eerst een voorbeeld van de proeven op ons eigen persoon genomen.

1. Gewone flinke stap, gemiddelde van 24 dubbele stappen: RL (rechts-links) 7.68, LR (links-rechts) 7.36 decimeter.

2. Trage wandelend, 25 dubbele stappen: RL 7.49, LR 7.11.

3. In draf loopend, 12 dubbele sprongen: RL 12.9, LR 12.7 decimeter.

Wy verzamelden aldus de uitslagen van 6 mannen met 11 proefryen en 193 dubbel stappen: in 156 gevallen, zy 80.8%, viel de stap RL hooger uit dan LR; op de 11 proefryen zyn er 9 waarvan de gemiddelde afstand voor RL > LR.

Dan hadden wy nog materiaal voor 2 gehuwde Dames, waarvan een kinderloos, met 89.3% RL > LR; 7 Jongens van verschillende ouderdommen 47.4%; 1 Meisje 72%; 5 Meeuwen 40.4%.

Drukken wy nu het asymmetrisch verschynsel der onderste ledematen kwalitatief uit door RL = 10 te zetten, dan hebben wy het volgende: 5 Meeuwen, RL = 10, LR = 10.08; 5 Jongens, 10:9.93; 1 Meisje, 10:9.88; 1 Dame 10:9.87; 5 Mannen, 10:9.65. Hierby zonderen wy af: 2 rechtsbeenige Jongens, 10:10.38; 1 rechtsbeenige Man, 10:10,38; 1 artificieele Dame (super-modisch gesmukt), 10:8.70. Het bleek dan dat de voorop gestelde volgorde der verschillende soorten van proefpersonen voor de opeenvolgende groepenreacties dezelfde is, in andere woorden, dat de motorische (spier-) asymmetrie der onderste ledematen van de meeuwen tot de mannen, over de jongens het meisje, de vrouw, toeneemt, zoo kwantitatief (aantal reacties) als kwalitatief (gemiddelde proportie).

Tevens komt het uit dat de gekruiste asymmetrie niet meer in twyfel mag worden getrokken. (Lit. 9).

III. Snelheidsasymmetrie van het warmteuitstralingsvermogen van het lichaam

Literatuur:

Over de snelheid der uitstralingswarmte van het lichaam. Handelingen van het 6e Vlaamsch Natuur- en Geneeskundig Congres te Kortryk, 1902. Paedol. Jaarb., V, 1904. (Volledige internationale literatuur in het originaal.)

Deze snelheid werd, linker- en rechterhand, gemeten door het vastnemen van den kolf eens kwikthermometers, waarvan de kolom door aetherverdamping op -5^0 gebracht, juist op het oogenblik dat deze 0^0 bereikte. Ter zelfder tyd vertrok een Chronoscoop. Dit werd stilgelegd als de kwikkolom 10^0 bereikte. Alle voorzorgen werden genomen, ook psychische. De proeven hadden plaats in November voor den Herfst, Februari voor den Winter, Mei voor de Lente, Augustus voor den Zomer, telkens gedurende 5 dagen gekozen in de tweede helft der maand, den voormiddag rond 10, den namiddag rond 18 uur.

Wy deelen deze proeven mee, alhoewel zy niet uit den aard der zaak op kinderen werden genomen, maar wel op ons zelf, omdat er geen reden bestaat te denken dat by het onderhavige verschynsel voor adulten een ander physiologisch verloop zou voorliggen dan voor kinderen.

Uit de Tabellen die gewonnen werden, en die nog voor andere onderwerpen dan het asymmetrievraagstuk nette gegev ensbevatten, nemen wy het volgende:

	November		Februari		Mei		Augustus	
	Vm	Nm	Vm	Nm	Vm	Nm	Vm	Nm
L	6.39	10.5	4.9	10.8	5.3	12.0	4.9	8.6
R	6.40	10.8	5.0	10.9	5.3	11.6	4.8	8.6

Men zou geneigd zyn aan de nemen dat de twee handen telkens dezelfde snelheden — hierboven uitgedrukt in seconden en tienden —

aangeven. Maar gezien de nauwkeurigheid waarmee wy in staat waren te experimenteeren, zyn wy integendeel van meening dat de physiologie der weefsels wel degelyk onder het beheer der linkerhersenhelft (rechterhand R) trager verloopt (een verminderde hoeveelheid warmte uitstraalt) in de koude maanden (November, Februari) dan die der rechter hersenhelft (linkerhand L); en in de warme maanden (Mei, Augustus) het verschynsel zich equilibreert of omslaat.

Dit denkbeeld zal wel het dichtst by de waarheid zyn.

Vermoedelyk heeft het hier besproken verschynsel een algemeen karakter, met minimale uitzonderingen zooals voor de Knypkracht, en wordt het eveneens aangetroffen by kinderen.

IV. Aesthesiometrische Asymmetrie

Literatuur:

1. Onderzoekingen over Aesthesiometrische Variatie by kinderen gedurende het Schooljaar. Paedol. Jaarb. VI, 1906. Spaansche vertaling door V. Mercante in Archivos de Pedagogia y Ciencias afines, III, 1907. Buenos Aires. Tallerea de la Casa Jacobo Peuser, 216834.
2. Aesthesiometrische onderzoekingen op volwassen leerlingen die een avondcursus volgen (Bydrage tot de studie der dagverdeeling in de school). Paedol. Jaarb. VII, 1908—1909.
3. Onderzoekingen over verstandelyke indeeling van normale kinderen. Paedol. Jaarb. VII, 1908—1909. Fransch in Rapports et comptes-rendus du 6me Congrès intern. de Psychologie tenu à Genève en aout 1909.
4. Mesure de la fatigue intellectuelle chez les enfants des deux sexes avec l'esthésiomètre. Revue de Psychiatrie, Avril 1908.
5. De aesthesiometrische methode tot het meten der vermoeinis in het licht der logarithmische formule van Dr. Ameline. XVe VL. Natuur- en Geneeskundig Congres, Oostende 1911. Engelsch in de Reports of the XVth Intern. Congress on Hygiene and Demographie, Washington 1912.

1. Wy gebruikten een gewonen metalen aesthesiometer met iets afgestompte punten, en onderzochten de wangen links en rechts op de jukbeenboog, met den buitensten ooghoek blyvend als centrum gezien van den afstand tusschen de twee prikpunten. Elke wang kwam afwisselend beurtelings drie maal aan de beurt. Voor de Jongens, 10 en 12 jaar oud, kwamen twee groepen, 6 verstandige en 5 minder verstandige, in aanmerking; voor de Meisjes in dezelfde voorwaarden genomen telkens 5. De proeven, voorafgegaan door twee maanden (Juni, July) voorproeven, begonnen voor goed in Oktober daarop volgende, en werden, de eerste week van elke maand het gansche schooljaar doorgezet, twee maal tydens den voormiddag (begin en einde der klas), een maal den namiddag (even voor den speeltyd om 3 uur). Zoo kregen wy een overzicht van het aesthesiometrische verloop der leerlingen van de beide geslachten over het schooljaar, over de dagen der week, over den voor-en den namiddag; altyd de uitslagen links en rechts volgehouden. Wy krygen een denkbeeld van het individueel verloop der cyfers als een Tafel, b. v. Januari wordt uitgetrokken, door het volgende overzicht:

Het gemiddelde van de zes dagen der week

	Jongens					
	Voormiddag				Namiddag	
	Begin		Einde		Midden	
	L	R	L	R[1])	L	R
1	14.1	15.5	13.7	14.1	14.5	15.1
2	11.4	11.5	10.7	10.5	10.0	10.7
3	13,7	15.2	12.4	14.7	11.7	15.0
4	17.2	18.5	17.0	18.0	16.6	18.5
5	16.0	15.5	15.6	14.9	16.4	15.4
6	29.4	30.0	30.8	33.2 [2])	30.6	32.3
1	17.7	18.1	16.4	17.2	18.7	18.3
2	16.9	17.2	17.0	16.7	18.1	18.1
3	21.9	23.7	22.1	23.1	24.3	25.6
4	18.0	19.1	20.0	20.0	18.9	19.4
5	17.9	18.5	18.6	19.2	18.6	19.6

Nrs 1—6 verstandige, 1—5 minder verstandige ll.

Meisjes

1	13.7	14.2	14.7	14.9	15.0	16.0
2	13.5	13.4	14.6	14.3	15.4	14.9
3	11.3	11.5	12.6	12.6	13.5	13.0
4	12.5	13.1	13.0	12.9	13.0	12.7
5	14.1	14.2	14.5	14.2	14.3	14.2
1	16.2	16.8	16.4	17.9	16.2	16.8
2	12.5	11.7	12.1	11.3	11.9	13.1
3	15.5	17.0	15.6	17.6	16.0	17.4
4	14.0	14.1	15.6	15.5	15.5	15.5

Nrs 1—5 verstandige, 1—4 minder verstandige ll.

Dit schema geldt, opzichtens de variaties der uitslagen, voor al de maanden van het schooljaar. De gemiddelden beschryven een merkwaardige jaarcurve (zie het originaal). (Lit. 1).

2. De normalen. Dit zyn de cyfers verkregen in het eerste uur van den schooldag, vóor alle klassewerk. Hun onderling verloop is hetzelfde als voor de gemiddelden van den dag, en de verhoudingen tusschen R en L leveren niets merkwaardigs op. Alleenlyk dient te worden aangegeven dat zy niet noodzakelyk in alle gevallen als de laagste van den dag uitvallen.

3. Uit onze tellingen op het omvangryk materiaal dat wy konden verzamelen is gebleken dat 67.4% der resultaten rechts (op de rechterwang) hooger uitvallen dan links (69.5% voor de knapen, 65.0% voor de meisjes). De overige 32.6% bevatten het aantal gelykheden tusschen de twee wangen en de keeren dat L > R.

Een keurige analyse der uitkomsten leidde tot het opstellen der volgende punten: A. de kinderen, Jongens en Meisjes, arbeiden geeste-

[1]) Na de ontspanning van 10 u.
[2]) Op zicht een onanist.

lyk hoofdzakelyk met de linkerhersenhelft, n. m. omdat de cyfers der rechterwang in de groote meerderheid der gevallen hooger uitvallen dan die van de linker; de meeste der leerlingen blyven in dien toestand het gansche schooljaar.

B. Over de schooltrimesters heeft het verschynsel kwantitatief dit uitzicht:

	1e Trimester	2e Trimester	3e Trimester
Jongens	59.8 %	71.8 %	76.3 %
Meisjes	50.1 %	69.1 %	75.7 %

Men ziet dat blyvend, het gansche jaar door, de rechterwang > de linker.

Over de dagen der week is het verloop van het overwicht der R-wang iets anders; voor de Jongens heeft de curve een dalend, voor de Meisjes een stygend karakter.

C. De meeste gevallen R > L, normalen inbegrepen, worden by de meer verstandige groepen aangetroffen.

D. Het absoluut (millimetrisch) overwicht van R op L is steeds, op zeer weinig uitzonderingen na, de helft kleiner by de minder verstandige leerlingen vergeleken aan de meer verstandige.

E. De gemiddelde gevallen R = L en R < L verminderen van Oktober tot July. Vermoedelyk is oorspronkelyk, by de geboorte, in de overgroote meerderheid der gevallen, R = L.

F. Er zyn nochtans leerlingen die van af het begin van het schooljaar symmetrisch arbeiden (J = 21.9 %, M = 18.3 %), anderen waarby R < L (26.8 % en 34.6 %), nog anderen, nageroeg de meerderheid, die R > L geven (51.3, 47.0 %).

G. Het is aannemelyk dat de normaliteit der hersenfunctie R = L is. Doch zulks moet niet wegnemen dat de gevallen R < L ook tot de normaliteit kunnen behooren, omdat de (normale) ontwikkeling van lichaam en verstand haar vlucht neemt, altyd, langs den weg der anatomische en functioneele asymmetrie, d. i. in de meerderheid der gevallen over hersenhelft R < hersenhelft L[1]). Inderdaad R > L(-warg)-neemt toe met de uitputtting, terwyl R < L en R = L afnemen, wat goed in overeenstemming kan worden gebracht met boven vermeld begrip der normaliteit.

Men zou dan zeggen dat de R-hersenhelft normaal het overwicht moet nemen op de linker, hetgeen slechts voor de minderheid der gevallen gebeurt, met een gradueele jaarvermeerdering van de zgn. anormale gevallen R > L (d. i. de linkerhersenhelft meer uitgeput dan de rechter).

Waaruit we dan weer afleiden dat de school de ontwikkeling der linkerhersenhelft in de hand werkt en beduidend bevoordeeligt; vooral

---

1) Minder snel uitgeput.

de van nature verstandige kinderen munten uit door het millimetrisch overwicht van R- op L-wang.

4. Het denkbeeld dat R<L (wangen) de normaliteit beteekent — buiten misschien R = L — wordt klinkend bevestigd door de volgende proeven.

Het bepalen van horizontale en verticale esthesiometrische gevoeligheid op myzelf door myn vrouw gaf: horizontaal R>L 16 maal R<L 6 maal, R = L 3 maal; verticaal R>L, 17, R<L 6, R = L 2 maal. Deze metingen grepen plaats op twee achtereenvolgende dagen, om het uur, 13 maal den eersten dag, 12 maal den tweeden. In percenten zyn de uitslagen: (R>L) = 66%, (R<L) = 24%, (R=L) = 10%; zy komen goed overeen met die verkregen by kinderen op groote schaal genomen.

Drie maanden later trokken wy ons terug aan de boorden der zee; en hier werden, in de meest gunstige voorwaarden van Hygiene en rust, op veranderlyke, willekeurige oogenblikken van den dag, door myzelf op myzelf, 20 horizontale reacties genomen. En de uitslag was: 1 geval R>L op de 20; de 19 andere waren R<L (altyd de wangen voorgesteld).

Deze ommekeer van asymmetrische reageerbaarheid kon enkel aan den voordeeligen invloed der hygienische voorwaarden worden toegeschreven; R- < L-wang is dus de gezonde, natuurlyke staat.

Deze gevolgtrekking werd nog bevestigd door het onderzoek aan het strand van nog drie Dames en twee Meisjes.

V. Slot-Overwegingen

1. Sedert jaar en dag preken wy, aan de hand van onze proefondervindelyke waarnemingen, dat men by het kind de natuurlyke aanleg en begaafdheid als centrum van zyn geheele ontwikkeling moet handhaven. Uit hetgeen hier voorgaat nopens de physiologie der Spierkracht, der warmteuitstralingssnelheid van het lichaam, en der huidgevoeligheid, is het duidelyk dat aan een symmetrische werking der functies niet eenmaal kan worden gedacht, om't even nu de omvang of de geleerdheid van het door een kabinetspaedagoog of politicus geschreven boek. Want deze menschen — waarby wy ook de uit de hoogte doceerende leeraren voegen die nooit het leven eener lagere school meeleefden — stellen zich louter een zuiver theoretisch eigen ideaal of niet altoos belangloos doel voor, en komen dan van zelf, langs den gevaarlyken weg der Logica, tot de besluitselen die zy verlangen.

Wat al rampen deze doenwyze heeft verwekt wordt het best aangetoond door de omstandigheid dat er zooveel opvoedkundige systemen in toepassing zyn als verantwoordelyk-dirigeerende lichamen of zelfs personen, er gedurig nieuwe „reddende" richtingen worden aangeduid, en . . . de jeugd ondertusschen — nu meer dan ooit — volop den weg ingaat der algeheele verwildering.

Dit verschynsel, na meer dan 50 jaren intensieven schooldwang in alle beschaafde landen, is teekenend voor de kunde en het beleid van den heerschenden „geest" der schoolpaedagogiek.

2. De natuur van het kind moet worden „gevolgd", niet verkracht. Om zulks te kunnen doen moet men het kind kennen. Deze kennis wordt verkregen door de onpartydige „studie" van het kind in den meest zuiver-wetenschappelyken zin, door wetenschappelyke schoolsch onderlegde onpartydige geleerden. (Laat ons erkennen dat hier geen alledaagsche voorwaarden worden geëischt. Maar tevens wordt aangetoond dat vele menschen ongeschikt zyn om de problemen der schoolpaedagogiek op te lossen). Hiervoor moet in de eerste plaats gestadig de wetenschappelyke Literatuur worden geraadpleegd en gevolgd. Het vraagstuk van de asymmetrieën, waarover wy een zeker licht konden werpen, is van ongemeen vèr-strekkende beteekenis. Want zoo de anatomische asymmetrieën, van in den aanvang der studie van het menschelyk lichaam reeds bekend, maar af en toe de aandacht der paedagogen vestigen, juist met de vooropgestelde bedoeling ze by de kinderen te „verbeteren", dat is, te doen „verdwynen", komen nu twyfelloos de duidelyke asymmetrieën van de spier- en huidfunctie den indruk verwekken dat deze natuurlyke ontwikkelingsphasen zyn in den groei van het kind, waaruit de volwassene geroepen is voordeel te trekken opzichtens zyn aanpassingsvermogen in het sociale leven. Wordt integendeel „integrale" ontwikkeling nagestreefd, van in de vroegste ontwikkelingsjaren — zonder ooit te worden bereikt! — dan kan er niets anders dan lichamelyke en geestelyke minderwaardigheid in het leven worden geroepen.

Zie rondom u . . .

3. En ook is dit laatste geen louter deductief gescherm. Het werd integendeel nu kortelings nog mooi proefondervindelyk bevestigd door W. S. Inman, van het Oog- en Oorhospitaal te Portsmouth, in The Lancet, London, van Oogst 1924, bladz. 211 e. v., alwaar wordt uiteengezet dat stotteren en scheelzien worden verwekt door het breken by kinderen van aangeboren Linkshandigheid. En omgekeerd deze ziekelyke stoornissen opnieuw worden opgeheven van zoohaast tot de vroegere linkshandigheid werd terug gekeerd. Inman veroordeelt beslist, op grond van zyn jarenlange uitgebreide ervaring, alle gelykelyke ontwikkeling der twee lichaamshelften. Wy ook.

Blyft nog de vraag over of er niets moet gedaan worden voor de linkerlichaamshelft by rechtshandigen en omgekeerd. Hierover hebben wy geen positieve gegevens. Wy denken dat wèl iets moet geschieden in deze richting, voor zooverre de overheerschende hersenhelft niet schadelyk in haar natuurlyke ontwikkeling wordt beinvloed.

Hier opent zich een nieuw Hoofdstuk voor het onderzoek der functioneele asymmetrieën.

(Aus der Physiologisch-chemischen Anstalt der Universität Basel. Vorstand: Prof. Dr. K. Spiro*))

Synergistische Versuche am überlebenden Gefäßstreifen.

Ein Beitrag zur Lehre von der Bleivergiftung und der individuellen Disposition.

Von

Nelly Seifert.

Mit 7 Abbildungen auf 1 Tafel.

Die Studien über die Rolle der Ionen haben in den letzten Jahren die Aufmerksamkeit auf das synergistische bzw. antagonistische Verhalten verschiedener Stoffe in ganz besonders hohem Maße gelenkt. Seit den ersten von O. Nasse und den späteren von J. Loeb[1]) herrührenden Beobachtungen hat sich immer wieder bestätigt, daß je nach der Beschaffenheit und dem jeweiligen Zustand der von dem Gift unmittelbar betroffenen Zellen und Organe die einzelnen Ionen zueinander in einem von den beiden Verhältnissen stehen. Die allgemeine Bedeutung dieser Antagonismen geht ohne weiteres daraus hervor, daß wir einen Antagonismus auch bezüglich des sympathischen und parasympathischen Nervensystems, Vagus und Sympathikus haben oder allgemeiner ausgedrückt beruht darauf vielleicht das allgemeine Prinzip des Stoffwechsels, Assimilation und Dissimilation, wie es E. Hering gelehrt hat.

Es sind also nicht nur die anorganischen Stoffe eines solchen Antagonismus resp. Synergismus fähig, sondern er besteht auch, wie oben erwähnt, zwischen sympathischen und parasympathischen Mitteln. So steht das Adrenalin mit dem Cholin oder dem Insulin in einem teilweise antagonistischen, mit dem Kokain in einem synergistischen Verhältnis. Ich habe nun versucht, zu dieser Frage einen Beitrag zu liefern, einmal, indem ich als Giftsubstanz zunächst ein auch analytisch leicht feststellbares Element, das toxikologisch und klinisch wichtige Blei verwandte, und zweitens, indem ich an einem einfachen Objekt die Vergiftungsversuche anstellte, bei dem sowohl chemisch als auch histologisch die Verhältnisse so leicht zu überblicken sind, daß es möglich schien, die toxikologischen Befunde durch chemische Befunde und histologische Analysen zu ergänzen. Als Versuchsobjekt wählte ich daher den

*) Von diesem als Festschriftbeitrag gewidmet.

[1]) Vgl. z. B. die Untersuchungen über den K-Na-Antagonismus am Fundulus: Bioch. Z. **31**, 450; **32**, 308; **33**, 480; **36**, 293; 1911—1913.

isolierten überlebenden Gefäßstreifen, über den seit von Frey und Meyer eine recht umfangreiche Literatur vorhanden ist[1].

Daß gerade die peripheren Gefäße bei der Bleivergiftung leiden, ist eine klinisch festgestellte Tatsache, die mir meine Versuche wesentlich erleichterte. Blässe und das sogenannte Bleikolorit sind die Folge der Kontraktion der kleinen Gefäße und gleichzeitig der Ausdruck jener bisweilen ohne subjektive Beschwerden einhergehenden dauernden Einwirkung kleiner Bleimengen, die zu erhöhtem Blutdruck und schließlich zu Veränderungen des gesamten Gefäßsystems führt.[2])

Diese Auffassung der Bleivergiftung basiert auf den Versuchen von W. Straub[3]) und seines Schülers Erlenmeyer[4]), die eine aus einem Depot in regelmäßigen Intervallen einhergehende schubweise Wirkung des Bleis dargetan haben. Daß sich mit dieser Auffassung die altbekannte Melsenssche Jodkalitherapie physikalisch-chemisch deuten läßt, hat W. Eisner kürzlich in einer Arbeit unseres Instituts dargetan.[5])

Mir kam es ferner darauf an, zu untersuchen, ob sich auf diesem Wege vielleicht über die individuelle Komponente bei der Bleivergiftung etwas feststellen ließe. Es liegt ja nahe, anzunehmen, daß, wenn von zwei der gleichen Gefahr ausgesetzten Individuen der eine schwer erkrankt, der andere nicht, dies daher rührt, daß in dem einen Fall ein synergistisch toxischer Stoff vom Organismus geliefert wird, im anderen aber nicht. Ein solcher Nachweis würde das Rätsel der individuellen Disposition etwas zu lüften geeignet sein. Die folgenden Versuche wurden im Winter 1923/24 ausgeführt.

I. Die Bleivergiftung des Gefäßstreifens.

A. Physiologische Versuche

Die Untersuchungen an isolierten Streifen von Karotiden frisch geschlachteter Rinder, die jedesmal in mit Sauerstoff gesättigter Tyrodelösung von 37° geholt wurden, machte ich nach der Versuchsanordnung von MacWilliam[6]) und O. B. Meyer[7]). Ein quer aufgeschnittener Arterienring vom peripheren Ende der Karotis wurde an einem Ende durch ein Gewicht beschwert, am anderen Ende mit einem Schreibhebel in Verbindung gebracht, der die Längsveränderungen des Streifens, also die Kontraktionsänderungen der Gefäße, auf einem Kymographion registrierte. Das Testobjekt befand sich in einem physiologische

[1]) O. B. Meyer, Z. f. Biol. 48, 352; 1906. MacWilliam, Proceed. of the Royal Soc. of London 69, 190; 1901 und 70, 109; 1902. E. Rothlin, Bioch. Z. 111, 219.

[2]) A. Strümpell, Lehrbuch d. pesz. Path. u. Ther.; W. His, Lehrbuch d. Inneren Medizin von Mehring-Krehl; Telecky, Münch. med. Wochenschr. 1924, 266; K. B. Lehmann, Arbeits- und Gewerbehygiene. Leipzig 1919.

[3]) Deutsch. med. Wochenschr. 1911, Nr. 32.

[4]) Z. f. exp. Path. 14.

[5]) Arch. f. exp. Path. u. Pharm. 102, 305 II.

[6]) Proceed. of the Royal of London 69, 190; 1901 und 70, 109; 1902.

[7]) Z. f. Biol. 48, 352; 1906.

Glukoselösung enthaltenden Glasgefäß, letzteres in einem Thermostaten. Zur Erzielung eines mittleren Tonus des Streifens wurde nach der Angabe von W. R. Hess und E. Rothlin der Teststreifen eine Stunde mit 25—30 g Belastung gedehnt, um die funktionelle Leistungsfähigkeit zu erhöhen. Um möglichst physiologische Versuchsbedingungen zu haben, wurde die Temperatur der Versuchslösung auf 37° gehalten und die Lösung mit einem kontinuierlichen Sauerstoffstrom versorgt.

Im ersten Versuch wurde dann zur Glukoselösung 1 ccm n/10 Bleiazetatlösung hinzugefügt, worauf eine kontinuierliche langsame Kontraktion des Streifens erfolgte. Die Lösung enthielt in diesem Falle 0.1% Bleiazetat. Hier wie im folgenden begnüge ich mich der Raumersparnis halber mit der Anführung einer einzigen Kurve.

Pb.-Versuche Kurve I

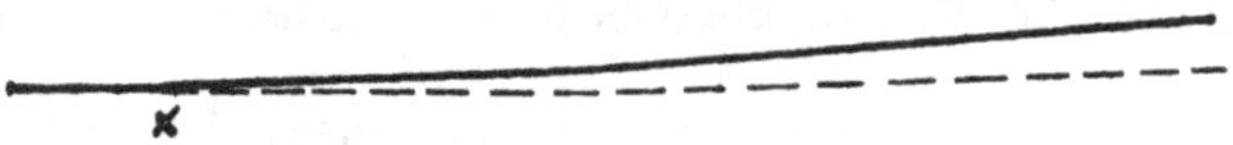

1,0 $\frac{n}{10}$ Pb.-acet.

In einem zweiten Versuch bestimmte ich den Schwellenwert und fand, daß die erste sichtbare Kontraktion auftrat bei Zusatz von mindestens 0,4 ccm $\frac{n}{10}$ Bleiazetatlösung zu 30 ccm physiologischer Glukoselösung, also in einer 0,042 %igen Bleiazetatlösung. Weitere Versuche bestätigten die ersten Resultate. In allen trat eine langsame stetige Kontraktion ein, die tagelang persistierte.

B. Chemische Analysen.

Einige Gefäßstücke wurden 24 Stunden in physiologische Glukoselösung gelegt, die 0,2% Bleiazetat enthielt, nachher wurden sie im Exsikkator bis zur Gewichtskonstanz getrocknet und der Bleigehalt nach L. Fairhall [1]) bestimmt.

Gang der Analyse: Veraschung der gut ausgewaschenen und getrockneten und genau gewogenen Gefäßstücke im Porzellantiegel mit Hilfe von Salpeter. Mit verdünnter Salzsäure lösen, das Blei fällt mit Schwefelwasserstoff quantitativ als Bleisulfid aus. Das Schwefelblei mit kochendem destilliertem Wasser waschen, in 2 ccm konzentrierter Schwefelsäure lösen, Schwefelwasserstoff durch Kochen verjagen, mit Natronlauge neutralisieren, mit Essigsäure ansäuern, dazu überschüssiges Kaliumchromat und kochen. Dann filtrieren, das Bleichromat gut mit warmem Wasser waschen, bis die überstehende Lösung keine Reaktion mit Silbernitrat mehr gibt. Der Bleichromatniederschlag wird gelöst in Salzsäure, Jodkalium im Überschuß zugesetzt und mit Stärke als Indikator mit $\frac{n}{10}$ Natriumthiosulfat titriert, somit das Blei direkt bestimmt, 1 ccm $Na_2S_2O_3$ entspricht 6,902 mg Blei.

---

[1]) Journ. of industr. hyg. 4, 9; 1922.

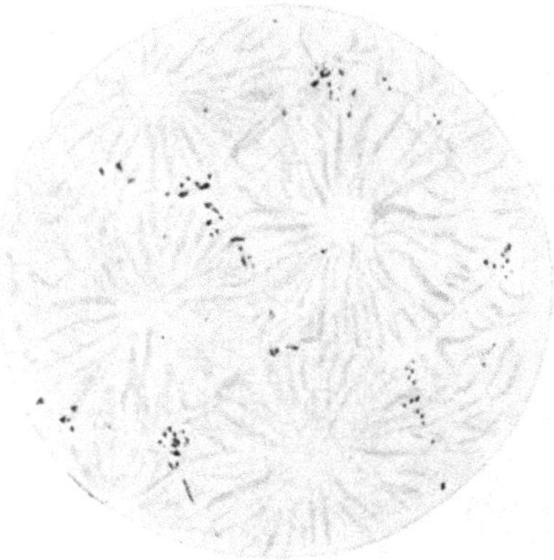

Abb. 1. Blei — Leber

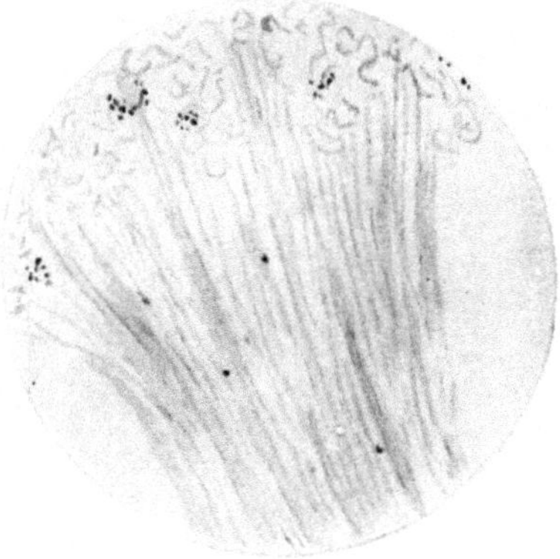

Abb. 2. Blei — Niere

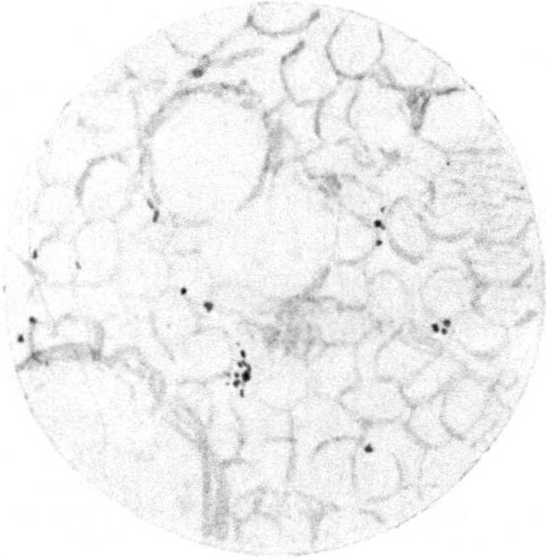

Abb. 3 Blei — Lunge.

Tafel zu: Seifert. Gefäßstreifen.

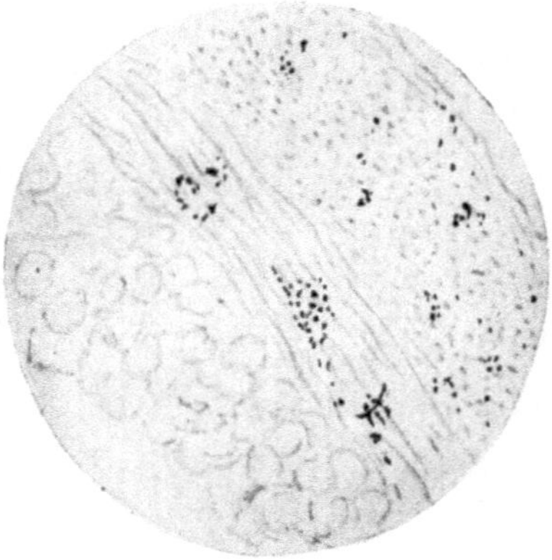

Abb. 4. Dickdarm. Pb. + Adr.

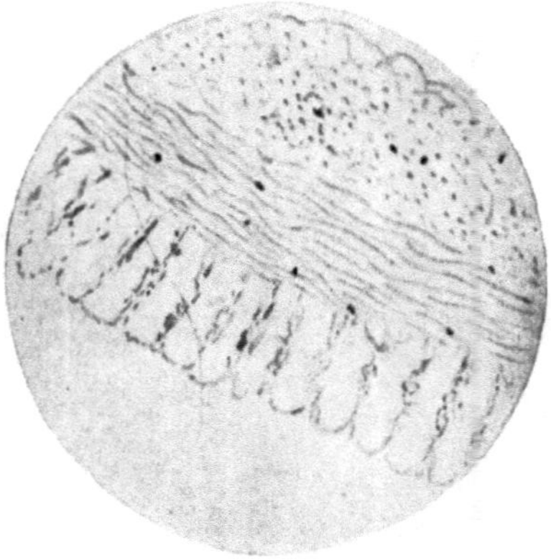

Abb. 5. Dickdarm. Pb.

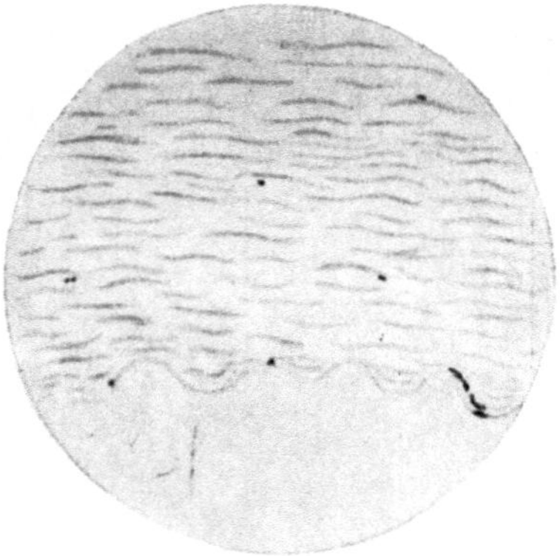

Abb. 6. Pb.

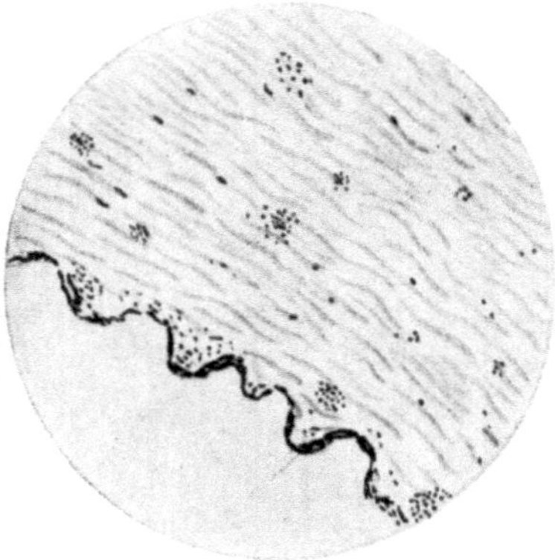

Abb. 7. Pb. + Adr.

Resultate:

	Gewicht g	Titrations-wert	Bleigehalt in mg	Bleigehalt in %
Streifen a ..	1,8950	1,6	11,04	0,5825
Streifen b ..	1,4960	1,6	11,04	0,737
Streifen c ..	1,4503	1,4	9,6628	0,665

Alle Untersuchungen ergaben regelmäßig erhebliche Befunde von Blei in den Gefäßstücken, also eine Anreicherung des Bleis, die zeigt, daß die Gefäßwand das Gift selektiv aufnimmt.

C. Histologische Untersuchungen.

A. Policard[1]) verdanken wir eine neue Methode für die Untersuchung der Asche von Geweben. Es werden Schnitte von frischen Organen oder Gefrierschnitte nach Fixierung in Alkohol oder Formol direkt auf den Objektträger gebracht und getrocknet. Die Veraschung kann in einem gewöhnlichen Muffelofen vorgenommen werden. Erhitzt wird auf sehr dunkle Rotglut. Die veraschten Schnitte werden mit einem Deckglas bedeckt und mit Paraffin eingekittet. Untersucht werden sie auf dunklem Untergrund, mit einer starken Lichtquelle durch eine Linse schief beleuchtet, bei 50—120facher Vergrößerung. Es ist erstaunlich und geradezu überraschend, wie scharf an diesen veraschten Schnitten noch die Hauptlinien des Gewebes jeweils zu erkennen sind. Die unten stehenden Abbildungen lassen das deutlich auch am normalen Gewebe erkennen. „Cette technique permet d'avoir sur la lame et à leur place exacte, la totalité des substances minerales", so sagt Policard selbst, also mußte sich diese Methode, auf die Herr Prof. R. Rößle die Freundlichkeit hatte, mich hinzuweisen, vorzüglich eignen zum Nachweis von Blei in bleivergifteten Organen. Ich präparierte Gefrierschnitte von Gefäßen, die zweimal 24 Stunden in Bleilösung lagen und erhielt überraschend schöne Bilder des Mineralskelettes der Gefäße, an dem die Struktur des Organs vollkommen wieder zu erkennen war. In allen Präparaten waren in der Media und Intima distinkte schwarze Partikelchen sichtbar, die zweifellos als Bleisulfid angesprochen werden müssen.

Damit ist auch der histologische Nachweis des Bleis in der Gefäßwand erbracht, dank der vortrefflichen Methode A. Policards[2]), auf die ich nachdrücklichst verwiesen haben möchte.

II. Adrenalin plus Blei.

Nachdem ich mich so überzeugt hatte, daß die Gefäßmuskulatur auch im Experiment eine Prädilektion für Blei zeigt, stellte ich Versuche an, wie sich die Bleiwirkung bei Gegenwart von Adrenalin verhält, da ja das Adrenalin auch ein speziell auf die Gefäße wirkendes

[1]) Bull. d'Histol. app. à la physiol. et à la path. **1**, Nr. 1. Compt. rend. de l'acad. d'sciences **176**, 1012.

[2]) Vgl. auch Schoeller, Ber. d. d. chem. Ges. **55**, 2191; 1922.

Mittel ist. Führte dies doch zur Entdeckung der Nebennierenwirkung, indem Oliver und Schäfer schon 1895 fanden[1]), daß Extrakte der Nebenniere bei intravenöser Injektion mächtig blutdrucksteigernd wirken. Die Wirkung auf den Tonus der Arterienwände wurde von M. von Frey[2]) und O. B. Meyer[3]) an ausgeschnittenen zirkulären Arterienstücken graphisch registriert und erkannt, daß diese Wirkung nur flüchtig ist. Meine Versuche beziehen sich auf die gleichzeitige Einwirkung von Blei plus Adrenalin auf die Gefäßstreifen.

A. Physiologische Versuche.

Die Versuchsanordnung war analog der der Bleiversuche. 15 Minuten nach Zusatz von 1,0 ccm Bleiazetat $\frac{n}{10}$ wurden 1,0 ccm Adrenalin 1/100000 zugesetzt. Sofort starke Zunahme der vorher schwachen, aber stetigen Kontraktion des Gefäßstreifens, und zwar bestand nicht eine einfache Summation der Wirkung beider vasokonstriktorischen Substanzen, sondern eine Potenzierung, wie nach den gleichzeitig angestellten Vergleichsversuchen I mit Blei allein, III mit Adrenalin allein deutlich sichtbar ist. Zudem persistiert die Blei-Adrenalin-Kontraktion tagelang. Kurve II zeigt die in einer Reihe von Versuchen bestätigte Erscheinung.

Kurve II

Versuche mit Pb. + Adr.

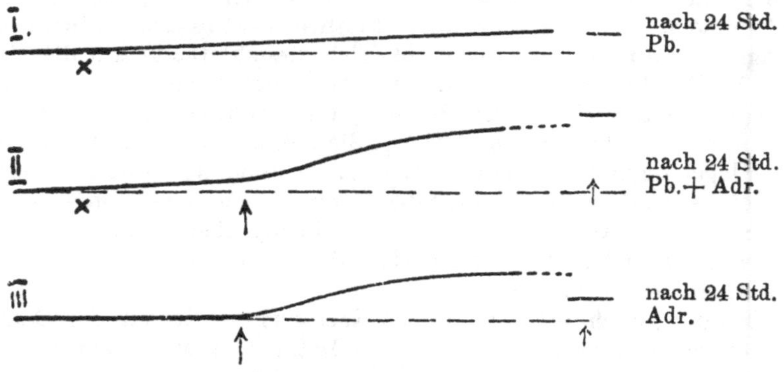

× Zusatz v. 1,0 cm³ Pb.-acet. n/10
↑ Zusatz v. 1,0 cm³ Adr. 1:100000

B. Chemische Analysen.

Nach der Fairhallschen Methode wurde der Bleigehalt einiger Gefäßstücke untersucht, die 24 Stunden in einer 0,2% Bleiazetat haltigen Lösung lagen, der eine geringe Menge Adrenalin zugesetzt war.

---

[1]) Journ. of physiol. 1895 Bd. 18, 230.
[2]) Verhandl. d. physik.-med. Ges., Würzburg 1905.
[3]) Z. f. Biol. 48, 352; 1906.

Resultate:

	Gewicht g	Titrations-wert	Bleigehalt in mg	Bleigehalt in %
Streifen a ..	1,3460	2,5	17,255	1,282
Streifen b ..	1,7401	2,8	19,3256	1,110
Streifen c ..	1,5911	2,7	19,6354	1,171

Der stärkeren physiologischen Wirkung entspricht also auch ein erhöhter Bleigehalt der Gefäßstücke, er ist doppelt so groß, als in den oben mitgeteilten Parallelversuchen ohne Adrenalinzusatz.

C. Histologische Untersuchungen.

Ganz analog den Untersuchungen, die ich an den mit Blei behandelten Gefäßstücken anstellte, machte ich die Schnitte an den mit Blei plus Adrenalin behandelten. Auch hier hat sich wieder die Methode von Policard aufs beste bewährt, indem reichliche Ablagerungen in Intima und Media sich zeigten, im Gegensatz zu den vereinzelten schwarzen Bleisulfid-Partikelchen in den nur mit Blei behandelten Gefäßen.

Pharmakodynamisch stehen diese Versuche im vollen Einklang mit der fundamentalen Beobachtung von G. Embden und Lange[1]), die eine Permeabilitätssteigerung durch Adrenalin für das Phosphation nachweisen konnten.

III. Der allgemeine Synergismus von Hormonen und Giften.

Den obigen Befunden kommt, wie ich glaube, deswegen allgemein pathologisch eine Bedeutung zu, weil sie zeigen, daß der Grad der Bleivergiftung eines einzelnen Organs abhängig ist, ganz allgemein gesagt, von der inneren Sekretion. Ich habe ähnliche Versuche auch mit anderen metallischen Giften ausgeführt, z. B. Quecksilber und Kupfer, genau mit dem gleichen Erfolg, wie die beigegebenen histologischen Zeichnungen nach A. Policard zeigen.

Es liegt nahe, auf Grund obiger Versuche anzunehmen, daß gewisse, bei Arbeiten in gewerblichen Betrieben häufig auftretende Gifte, aber auch ganz allgemein verbreitete Stoffe, speziell manche unserer oft verwandten Genußmittel, auf die Gefäße wirken, in ihnen eine latente Bereitschaft zur Blutdrucksteigerung hervorrufen, die unter den im Organismus herrschenden Bedingungen (Nebennieren-Sekretion usw.) über die normale Tonisierung hinaus zu funktionellen Störungen (Hypertonie) und damit zu anatomischen Veränderungen der Gefäße führen kann.

Da ich diese Gedankengänge am anderen Ort[2]), gerade mit Rücksicht auf das klinisch jetzt im Vordergrund des Interesses stehende

[1]) Z. f. physiol. Chem. 120, 249.

[2]) Schweiz. med. Wochenschr. Nr. 34, 1924.

Hypertonieproblem, ausführlich erörtert habe, mag es an dieser Stelle genügen, auf diese kleine Veröffentlichung hinzuweisen. Von dieser Überlegung ausgehend, habe ich noch statt des unter bestimmten Umständen toxisch wirkenden Bleis ein sehr verbreitetes Gift herangezogen, den Alkohol. Ich stellte dieselben physiologischen Versuche an, wie ich sie mit dem Blei angestellt hatte, also 1. Einwirkung von Alkohol allein. 2. Einwirkung von Adrenalin allein und 3. Einwirkung von Adrenalin plus Alkohol.

Vorversuch:

Versuch gleichzeitig an zwei Gefäßstreifen A + B. Sie wurden in je 50 ccm physiologischer Glukoselösung bei 37° eine Stunde mit 30 g Belastung gedehnt, darauf mit dem Schreibhebel verbunden, der die Veränderungen am Kymographion registrierte.

17^{00} Versuchsbeginn:			
17^{05} zu A und B je	1,0 ccm	5%iger Alkohol	
17^{05} zu A	0,5 ccm	Adrenalin 1:100000	
17^{20} zu B	0,5 ccm	Glukoselösung.	
18^{00} zu A und B je	1,0 ccm	5%iger Alkohol	

Nach Zusatz des Alkohols bei Beginn des Versuchs setzte eine ganz langsame Kontraktion beider Gefäßstreifen ein. Nach Zufügen des Adrenalins zu Streifen A erfolgte eine starke Steigerung der Kontraktion, die allmählich wieder geringer wurde, aber erheblich stärker war, als wie man sie nach Adrenalin allein zu sehen bekommt.

Versuch I:

Gleichzeitiger Versuch an drei Gefäßstreifen A, B und C: zu A nur Alkohol, Alkoholgehalt der Lösung 0,09%; zu B Alkohol + Adrenalin, Alkoholgehalt der Lösung 0,09%; zu C nur Adrenalin.

Kurve III

Alkohol-Versuche

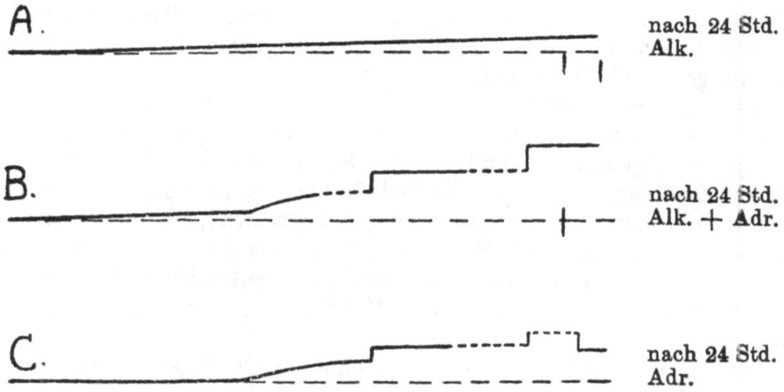

Die Kurve zeigt, daß die Kontraktion in B am stärksten ist, es besteht also Potenzierung der Alkohol-Adrenalinwirkung, analog der Blei-Adrenalinwirkung.

Die Versuche wurden wiederholt mit erhöhtem Alkoholgehalt 0,18 bis 1,65%, immer mit dem gleichen Resultat.

Aus diesen Versuchen geht hervor, daß die Alkoholvergiftung, z. B. des Gefäßstreifens, in ihrem Grade abhängig ist von der Menge gleichzeitig anwesenden Adrenalins, d. h. ganz allgemein gesagt von dem Organismus, den das Gift trifft und seinem Zustand. Im Sinne des oben in der Einleitung Dargelegten läßt sich also das, was man pathologisch-klinisch als sympathico- bzw. vagotonischer Zustand bezeichnet, in seiner Bedeutung auch im toxikologischen Versuch sowohl chemisch als auch histologisch demonstrieren.

R. Rößle hat bei seinen Studien über die Siliziumbehandlung der Tuberkulose[1]) den Ausdruck „chemischer Dispositionsfaktor" geprägt, unter den auch der Bleigehalt der Gewebe bei dem chronischen Saturnismus fallen würde. Bezeichnen wir, entsprechend Qualität und Quantität der inneren Sekretion in unseren Versuchen z. B. den Gehalt an Adrenalin als hormonalen Dispositionsfaktor, so würden wir damit zwei Gruppen von Variablen haben, von denen, wie meine Versuche zeigen, das jeweilige Verhalten des Organismus abhängig erscheint.

---

[1]) Münch. Med. Wochenschr. **61**, 756; 1914.

(Aus der Geschäftsstelle der Bayrischen Arbeitsgemeinschaft zur Förderung der Volksgesundheit in München. Vorstand: Med.-Rat Dr. G. Seiffert)

Wie ist die hygienische Volksbelehrung wirksamer zu gestalten?

Von

Gustav Seiffert.

Der Hygieniker wird in seiner Tätigkeit erst dann volle Befriedigung finden, wenn er seine wissenschaftlich gewonnenen Erfahrungen zur Anwendung bringen, wenn er dadurch die Gesundheitspflege seines Volkes praktisch heben kann. Der Hygieniker wird daher auch zu der besonders in den letzten Jahren vielfach erörterten Frage der hygienischen Volksbelehrung Stellung nehmen und seinerseits bemüht sein, diese wohl von allen Beteiligten als notwendig anerkannte Arbeit wirksam auszugestalten. Diese Frage kann nicht theoretisch gelöst werden, hierzu sind praktische Erfahrungen nötig, bei denen man wie stets im Leben aus den Versuchen, die sich in der Wirklichkeit nicht gerade als falsch, aber oft als wenig zweckmäßig herausstellen, am meisten lernt. In der zu dieser Frage vorliegenden Literatur sind zahlreiche, mehr oder minder weitgehende Vorschläge gemacht worden; sie ist aber zur Zeit verhältnismäßig arm an Arbeiten, die aus praktischen Erfahrungen herausgewachsen sind. Es ist daher vielleicht im Rahmen dieser Festschrift nicht unangebracht, auf Grund eigener mehrjähriger Erfahrungen als Geschäftsführer des Landesausschusses für hygienische Volksbelehrung in Bayern die Frage zu erörtern, welche Wege haben sich bewährt, wie soll man in der Zukunft weiter arbeiten.

Unter den mannigfachen, für die hygienische Volksbelehrung möglichen Mitteln, die ausführlich von W. Fischer-Defoy (Die hygienische Aufklärung und ihre Mittel, Veröffentlichung a. d. Geb. der Medizinalverwaltung IX. Bd., 9. Heft) zusammengestellt sind, hat man, vornehmlich den Zeitverhältnissen Rechnung tragend, einige besonders angewandt. In erster Linie hat man sich bemüht, mit Hilfe von Vorträgen, die durch Lichtbilder belebt werden, hygienisches Wissen in die Bevölkerung zu tragen. Es sind in den letzten Jahren in allen Teilen Deutschlands zahlreiche Vorträge dieser Art von Ärzten gehalten worden. Ein gutes Lichtbildermaterial, das den Bedürfnissen entsprechend dauernd ausgebaut wird, ist in Deutschland vorhanden und wird von verschiedenen Stellen im Reich fast durchweg kostenlos zur Verfügung gestellt. Einzelne Ärzte, besonders zu erwähnen ist K. Bornstein, haben sich als Wanderredner weitgehend in den Dienst der Sache gestellt. Es ist zu fragen, erfüllen die Lichtbildervorträge ihren Zweck? Man kann diese Frage nicht allgemein mit einem glatten Ja oder Nein beantworten. Der Erfolg derartiger Vorträge ist weitgehend von der persönlichen Eignung des Redners abhängig; er wird viel weniger bestimmt von dem Wissen und dem guten Willen des Redners, als von seinem Geschick, das Vorgetragene der Bevölkerung eindringlich und verständlich nahezubringen. Hier muß man aber öfter gewisse Mängel feststellen. Allgemein verständliche Vorträge werden gerade von wissenschaftlich Tätigen vielfach gering geachtet und in ihren Schwierigkeiten wesentlich unterschätzt. Wer sich aber selbst mit derartigen Vorträgen beschäftigt hat, weiß, daß es viel leichter ist, über ein kompliziertes wissenschaftliches Thema zu Fachgenossen zu sprechen, als gemeinverständlich Gesundheitsfragen zu erörtern und sich doch streng auf dem Boden anerkannter wissenschaftlicher Ergebnisse und Erfahrungen zu halten. Es ergibt sich die bedauerliche Tatsache, daß nur verhältnismäßig wenige Männer, die einen umfassenden Überblick und die nötige Kritik für die modernste Forschung haben, sich dieser Arbeit mit Erfolg unterziehen. Es wird auch nur in seltenen Fällen möglich sein, diese Männer dauernd für derartige Vorträge zu gewinnen. Die meisten Vortragenden werden nur hin und wieder einmal sprechen, ihnen fehlt daher vielfach die Übung und Erfahrung. Aus diesem Grunde sind die Vorträge verschiedenartig in der Wirkung. Größere Nachteile liegen aber darin, daß die Vorträge nicht immer nachhaltig genug wirken und nicht die Kreise erfassen, die besonders einer Belehrung bedürfen. Nach eigenen Erfahrungen ist der Eindruck der Lichtbildervorträge auf die Bevölkerung von nicht zu langer Dauer, abgesehen natürlich vom Einzelnen. Viele Menschen gehen in die Vorträge, um Lichtbilder zu sehen, der Inhalt des Vortrages interessiert sie gewöhnlich weniger. Wenn nicht für die Vorträge entsprechend vorgearbeitet wird — hier mangelt es oft gewöhnlich aus Ungeschick der Vortragsveranstalter —, so läßt der Besuch zu wünschen übrig. Den Hauptanteil der Besucher bilden vielerorts die Angehörigen der Mittelklassen, die für diese Frage schon ein gewisses Interesse und Verständnis haben. Bei den weiten Bevölkerungsschichten ist aber der Hauptzweck der Vorträge, wenigstens Interesse für die eigene Gesundheit zu erwecken, schwer zu erreichen, da viele die Vorträge aus Bequemlichkeit oder anderen Gründen nicht aufsuchen. Man muß daher mit einer allgemeinen, zu günstigen Bewertung der Lichtbildervorträge vorsichtig sein, man ist aber nicht berechtigt, diese Vorträge als unwirksam zu verwerfen, man wird im Gegenteil das Vortragswesen nach Möglichkeit dauernd ausbauen.

Der seit etwa einem Jahre in Deutschland eingeführte Rundfunk hat sich für gesundheitliche Vorträge recht brauchbar erwiesen, er hat gegenüber den Vorträgen der bisher üblichen Art gewisse Vorteile. Mit Hilfe des Rundfunks kommt man an viel größere Kreise heran. Dem Münchner Rundfunksender und seiner Nebenstelle Nürnberg sind etwa

75000 Apparate angeschlossen. Erfahrungsgemäß ist an jedem Apparat das Hören meist für zwei oder mehr Personen möglich. Es hat sich beim Rundfunk gezeigt, daß Vorträge über gesundheitliche Fragen gern gehört werden. Es ist anzunehmen — genaue Zahlen lassen sich naturgemäß nicht geben —, daß derartige Vorträge z. B. in München und Nürnberg von einigen Tausend Menschen gehört werden. Besonders Arbeiter ziehen, wie in München festgestellt werden konnte, Vorträge gesundheitlichen Inhaltes neben Vorträgen über naturwissenschaftliche Gegenstände, Reisen usw. anderen Veranstaltungen des Rundfunks vor. Die Bequemlichkeit, die Vorträge zu hören, bestimmt viele, die nicht ein Vortragslokal aufsuchen, ihnen zu Hause eine halbe Stunde zu widmen. Wie groß das Interesse der Bevölkerung ist, konnte Verfasser, der seit einem Jahr mindestens einmal monatlich im Rundfunk spricht, aus zahlreichen brieflichen Anfragen und aus dem starken Besuch von Lichtbildervorträgen und Führungen, die sich dem Rundfunkvortrag an einem späteren Tage anschlossen, feststellen. Daß derartige Vorträge auch nachhaltigere Wirkung haben, konnte unter anderem von der Münchner Tuberkulosefürsorgestelle beobachtet werden; nach der Mitteilung ihrer Schwestern konnte bei den Hausbesuchen deutlich der Einfluß einer Reihe von Tuberkulosevorträgen im Rundfunk auf das hygienische Verhalten der Kranken beobachtet werden. Ebenso wirksam zeigte sich ein Vortrag über Säuglingspflege, es wurden verschiedene Fälle bekannt, wo durch den Vortrag ein vorzeitiges Abstillen verhütet wurde. Man muß den Rundfunkvorträgen gesundheitlichen Inhaltes, die nun fast in allen deutschen Sendern ziemlich regelmäßig gehalten wurden, einen Vorzug vor Lichtbildervorträgen geben. Auch der Rundfunkvortrag hat Nachteile. Er wird in der Hauptsache nur von den Leuten gehört, denen ein Apparat zur Verfügung steht, er kann von der Masse der Bevölkerung nur am Orte oder in nächster Umgebung des Senders gehört werden, da die für weitere Entfernungen nötigen Apparate zur Zeit für größere Verbreitung viel zu teuer und schwierig zu bedienen sind. Weitere Nachteile, die sich aus der Natur des Rundfunks ergeben, sind: der Vortragende hat keinen unmittelbaren Kontakt mit seinen Hörern, er kann bei seinem Vortrag nicht fühlen, wird er richtig verstanden, versteht er, die Hörer wirklich zu fesseln. Rundfunkvorträge sind daher weit schwieriger abzufassen wie etwa Lichtbildervorträge. Abgesehen von den im Rundfunk doppelt nötigen rednerischen Fähigkeiten, gutem Vortrag, deutlicher Aussprache, klarer Fassung, muß der Vortrag so gehalten sein, daß er von Unwissenden gut verstanden wird und andererseits den Sachkundigeren nicht langweilt, daß er in keiner Weise, besonders bei Erörterung etwas heiklerer Fragen, bei der Verschiedenartigkeit der Hörer und ihrer Einstellung verstimmt oder zu bösen Mißverständnissen Anlaß gibt. Aber diese Nachteile und Schwierigkeiten lassen sich mit wachsender Erfahrung beseitigen. Da die Sender durchweg in größeren Städten sind, können leichter geeignete Redner gefunden werden. Dem Rundfunk muß daher zur Verbreitung gesundheitlichen Wissens ganz besondere Beachtung geschenkt werden.

Die Volkshochschule, auf die von vielen Seiten große Erwartungen gesetzt wurden, hat sich für die hygienische Volksbelehrung nicht sehr bewährt. Der Besuch der hygienischen Kurse — länger dauernde Kurse sagen der Bevölkerung wenig zu — ist meist recht gering. Man wird derartige Einrichtungen natürlich auch für die Verbreitung gesundheitlichen Wissens verwenden, man darf sich aber nicht der Erwartung hingeben, daß der Erfolg der aufgewandten Mühe entspricht. Ganz anders sind Kurse zu bewerten, die für einen bestimmten Personenkreis von Wanderlehrerinnen abgehalten werden. Die vom Bayr. Landesverband für Säuglings- und Kleinkinderfürsorge seit mehreren Jahren getroffene Einrichtung, daß durch besonders geschulte Wanderlehrerinnen Kurse über Säuglings- und Kleinkinderpflege, in denen aber auch andere für die Mütter wichtige gesundheitliche Fragen zu erörtern sind, vornehmlich in kleinen Städten des Landes gehalten werden, hat sich ganz außerordentlich bewährt. Derartige Kurse, die durchschnittlich 10—12 Tage Dauer haben — täglich werden 2 Stunden Unterricht gegeben —, unterscheiden sich von den sonstigen Kursen und Vorträgen dadurch, daß die Kursteilnehmer auch praktische Übungen machen müssen. Hierdurch wird das Interesse und damit der Erfolg der Kurse ganz außerordentlich gesteigert. Man wird diese Kurse zunächst vornehmlich auf die Säuglingspflege, das wichtigste Gebiet der hygienischen Belehrung, beschränken, aber diese Tätigkeit, soweit es die Mittel erlauben, soweit sich für den schweren Wanderunterricht geeignete und entsprechend vorgebildete Personen finden, weitgehend ausbauen.

Eine gewisse Enttäuschung hat man mit dem hygienischen Film, von dem man anfangs viel zu viel erwartet hatte, erfahren müssen. Sieht man von jenen Filmen ab, die unter dem Mantel hygienischer Belehrung dem Sensationshunger der Masse vornehmlich in sexuellen Dingen entgegenkommen, und die man vom Standpunkt einer einwandfreien hygienischen Volksbelehrung auf das Schärfste verwerfen muß, so haben die verschiedenen, sachlich guten Filme, die in den letzten Jahren geschaffen wurden, doch nicht volle Wirkung gehabt. Bei vielen liegt der Grund darin, daß sie von Fachmännern zusammengestellt wurden, die sich in die Volkspsyche nicht einleben konnten und daher zu Viel, zu Schwerverständliches hineinarbeiteten. Hiermit wurde aber der belehrende Einfluß auf die Menge von vornherein zerstört, auch ein erläuternder ärztlicher Begleitvortrag kann hieran wenig ändern. Der Hauptgrund, daß die im Kino gebotenen Filme nicht genügend wirken, liegt aber anderswo. Die Masse geht nicht zur Belehrung, sondern zum Vergnügen, zur Zerstreuung in das Kino, sie will gar nicht Dauerndes mit nach Hause nehmen. Soweit sie es tut, erfolgt es nur unter dem Eindruck gewisser psychischer Erschütterungen, die aber der Film meist nur bei den weniger edlen Trieben hervorruft. Der hygienische Film ist nur in seltenen Fällen in der Lage, einen tieferen Eindruck hervorzurufen, eine nachhaltige Belehrung ist von ihm daher kaum zu erwarten. Es mag sein, daß ein gewisses Interesse erweckt wird, das man durch anschließende Vorträge günstig ausnützen kann. Dem guten und in gewissem Umfange wirksamen Film steht ferner entgegen, daß ihn die meisten Kinobesitzer, die vor allem in den Klein- und Vorstädten dem schlechten Geschmack ihrer Besucher zu sehr entgegenkommen, nicht auf das Programm setzen. Man soll aber trotzdem den Film als gesundheitliches Belehrungsmittel nicht aufgeben. Es sind gewisse Anzeichen vorhanden, daß sich der Filmgeschmack in günstigem Sinne ändert, daß das Interesse für sogenannte Kulturfilme steigt. Es ist daher nicht unwahrscheinlich, daß auch der hygienische Film einmal eine bessere Wirkung ausüben kann, aber diese wird wohl immer verhältnismäßig enge Grenzen haben.

Nicht bewährt hat sich der Gedanke, mit Hilfe des Theaters hygienisch belehrend zu wirken. Daß das Theaterstück ebenso wie ein belletristisches Erzeugnis in dieser Richtung unwirksam ist, darf man vielleicht daraus erklären, daß der Zuschauer bzw. Leser immer mehr von der Handlung, gegen die die Belehrung in den Hintergrund tritt, gefesselt wird. Wie wenige Zuschauer werden sich des gesundheitlichen Momentes in großen Dichtungen, etwa Ibsens Gespenstern, bewußt und ziehen hieraus Schlüsse. Die wenigen Theaterstücke, die eigens zur Belehrung geschrieben werden, sind keine Dichtwerke, die sich auf den Bühnen halten könnten. Die Bühne kann vielleicht der sittlichen Hebung, aber nur recht wenig der Mehrung des Wissens dienen. Auf das Theater als hygienisches Belehrungsmittel wird man im allgemeinen verzichten. Ebenso wird es mit dem gesundheitlich belehrenden Roman usw. stehen. Bei Kindern können gesundheitliche Lehren, in Märchen und Verse gekleidet, von größerem Nutzen sein, freilich nur, wenn ein guter Erzieher entsprechende Erläuterungen und Anregungen gibt.

Das gedruckte Wort kann das gesprochene bei der gesundheitlichen Belehrung ergänzen, zumal wenn es durch das Bild noch belebt wird. Man muß daher den belehrenden Schriften und Aufsätzen, dem Merkblatt und dem Plakat einige Worte schenken. Größere lehrbuchähnliche Schriften sind für die große Menge ungeeignet. Dem Durchschnittsmenschen ist die Lektüre eines umfangreichen Buches ernsten Inhalts ohne spannende Handlung viel zu schwer, er läßt es daher bald liegen. Kleinere Schriften in Broschürenform mit Bildern und gutem, entsprechend gehaltenem Text werden eher gelesen, weniger aber aus eigenem Antriebe, mehr auf Empfehlung und nach entsprechender Vorbereitung etwa durch eine Fürsorgerin. Das gleiche gilt für Merkblätter. Man soll von der Verbreitung größerer und teuerer Schriften im Volke absehen, Merkblätter und kleinere Schriften nicht wahllos verteilen, sondern jedem einzelnen mit einem geeigneten Worte in die Hand drücken. Viel mehr müssen für gesundheitliche Belehrung die Presseerzeugnisse ausgenützt werden, die die Lektüre der Masse bilden, wie Zeitungen, Zeitschriften, Kalender und andere. Die Zeitungen nehmen in den letzten Jahren häufiger gesundheitliche Aufsätze und Notizen auf. Einzelne größere Zeitungen haben für diesen Zweck eigene Ärzte angestellt, die das Material kritisch sichten und selbst objektive Beiträge liefern. Bei vielen mittleren Zeitungen hat man aber hierfür noch nicht die Notwendigkeit erkannt, es ist oft sehr betrüblich, zu sehen, welcher hygienische Unsinn den Lesern zugemutet und gläubig hingenommen wird. Verschiedene Versuche, die unter anderem auch vom Deutschen Reichsausschuß für hygienische Volksbelehrung gemacht wurden, eine speziell diesem Zweck dienende Zeitungskorrespondenz zu schaffen, sind bislang ohne Erfolg geblieben. Eine derartige Einrichtung, die neben der kleinen städtischen Presse auch die ländlichen Zeitungen bedienen sollte, erscheint sehr nötig. Mit entsprechenden Aufsätzen sollen besonders auch die Volkskalender versehen werden, die vornehmlich auf dem Lande eingehend gelesen werden. In verschiedenen Volkskalendern finden sich hin und wieder schon musterhafte Aufsätze dieser Art, hier muß aber wesentlich mehr getan werden.

Eine größere Verwendung von Gesundheitsplakaten war in den letzten Jahren aus Geldmangel nicht möglich. Immerhin konnte eine Anzahl brauchbarer Plakate geschaffen werden. Man wird dem geschickt entworfenen Plakat seine Wirkung nicht absprechen können. Es gibt natürlich keine eingehende Belehrung. Plakate, die Derartiges erreichen wollen, verfehlen ihren Zweck. Ein Gesundheitsplakat, das das Reklameplakat nachahmen muß, wenn es Wirkung haben will, kann nur kurze Sätze enthalten, die durch ihre Fassung, verbunden mit entsprechendem Bild, das Interesse erwecken und sich dem Gedächtnis einprägen. Wie hier vorzugehen ist, zeigen besonders die Amerikaner, die, wie in der Reklame überhaupt, auch in der gesundheitlichen Propaganda Meister sind. Man sollte für diese Belehrungsart, mag sie auch auf den ersten Blick nicht sympathisch sein, doch mehr Mühe und Mittel wie bisher verwenden; dieser Aufwand ist nicht zwecklos.

Dem Plakate nahe verwandt sind Tafeln, die neben Bildern gesundheitlichen Inhalts kurze Erläuterungen enthalten, und die man zu dauernden oder vorübergehenden kleinen Gesundheitsausstellungen vereinigt. Auf dem Gebiet ist in den letzten Jahren besonders durch das Deutsche Hygiene-Museum in Dresden Musterhaftes geschaffen worden. Derartige Ausstellungen lassen sich auch in kleineren Orten, auf dem Lande, in den Vorstädten ohne größere Kosten veranstalten, sie üben aber hier nur eine Wirkung aus, wenn man vorher entsprechende Propaganda macht, wenn man Führungen durch die Ausstellung veranstaltet, vielleicht auch ärztliche Vorträge halten läßt und Lichtbilder und Filme zeigt. Wenn man diese Belehrungsmittel systematisch miteinander verknüpft, so kann man Wesentliches erreichen. Man kann, wie es schon längst in Amerika geschieht, an einzelnen Orten sogenannte Gesundheitswochen abhalten, in denen alle Mittel benutzt werden, um in einem Bezirk für gesundheitliche Dinge, am besten für ein bestimmtes Gebiet, etwa Tuberkulose, Propaganda zu machen. Diese Veranstaltungen werden nicht nur Interesse erwecken, sondern auch der Bevölkerung gewisse Kenntnisse vermitteln. In größeren Städten wird man entsprechend mit umfangreicheren Ausstellungen arbeiten, wie sie bereits viele Landesverbände, das Rote Kreuz, besitzen und wie sie auch vom Dresdner Hygiene-Museum zu gewissen Bedingungen ausgeliehen werden. Die Ausstellungen, die mit ihren Bildern, Modellen, Präparaten, Moulagen ein auch für den Fachmann lehrreiches Bild geben, erfordern freilich ziemlich viele Vorbereitungen. Es ist oft schwer, einen geeigneten Raum zu finden, es müssen die Mittel für den Transport und Aufstellung aufgebracht werden, es muß für regelmäßige gute Führungen gesorgt werden. Man wird zugestehen müssen, daß mit derartigen Ausstellungen ein gewisser Eindruck auf die Bevölkerung, die diese Ausstellungen erfahrungsgemäß auch zahlreich besucht, hervorgerufen wird.

Die erwähnten verschiedenartigen Belehrungsmittel, die wohl alle im einzelnen nicht das Ideal darstellen, die mehr oder minder erfolgreich zu bewerten sind, die am besten wirken, wenn sie in richtiger Abwechslung systematisch angewandt wurden, sind an alle Bevölkerungskreise jeden Alters und jeden Standes gerichtet. Man kann in ihrem allgemein gerichteten Zweck gleichzeitig einen Vorteil und einen Nachteil blicken. Der Vorteil liegt bei ihnen in erster Linie darin, daß sie als Propagandamittel Interesse weckend wirken, der Nachteil, daß der Vermittlung der Kenntnisse eine gewisse Oberflächlichkeit anhaften muß, daß die Nachhaltigkeit des Eindruckes meist nicht genügend lang ist. Um hier zu bessern, sind zwei Wege einzuschlagen, die heute viel mehr begangen werden sollten wie der Weg der allgemeinen Belehrung. Einmal soll bei jenen Kreisen, die ihrerseits auf die Bevölkerung Einfluß ausüben können und selbst den gesundheitlichen Fragen zum Teil noch ziemlich unwissend oder interesselos gegenüberstehen, die gesundheitliche Belehrung einsetzen, wie etwa bei den Beamten, Lehrern, Geistlichen, den Organen der Krankenkassen, Versicherungen usw. Zweitens soll die gesundheitliche Belehrung die Jugend zu erfassen suchen. Die gesundheitliche Belehrung in der Schule ist der Weg, auf dem man am ehesten zum Erfolge kommt, der auch für die Zukunft die Anwendung der übrigen allgemeiner anzuwendenden Belehrungsmittel erleichtert und von vornherein wirksamer macht. Nach den eigenen Erfahrungen soll man die Hauptarbeit und die meisten Mittel nach den beiden letztgenannten Einrichtungen verwenden, freilich darf man dabei die allgemeine Belehrung nicht außer acht lassen. Es wird nötig sein, die Personen, die ihrerseits die gesundheitliche Belehrung des Volkes beeinflussen können, über den Zweck und den Wert der hygienischen Volksbelehrung, vor allem im Sinne der vorbeugenden Gesundheitsfürsorge, zu unterrichten. Man wird aber auch — denn leider ist auch das Wissen dieser Kreise auf gesundheitlichem Gebiet durchschnittlich außerordentlich mangelhaft — nie ganz ohne eine gewisse, freilich möglichst unauffällig erscheinende Belehrung wegkommen. Wer vor Vertretern von Krankenkassen, vor Geistlichen, vor Lehrern über diese Frage selbst gesprochen hat, weiß, auf einen wie empfänglichen und dankbaren Boden die Anregungen fallen. Man darf freilich nicht nur überzeugen, daß hier eine Mitarbeit nötig ist, man muß unbedingt auch zeigen, wie diese Mithilfe ohne zu große Mühe geschehen kann. Die in Betracht kommenden Personen sind natürlich zu ganz verschiedener Mitarbeit zu gewinnen. Der Verwaltungsbeamte, die Vertreter der Organisationen sind vornehmlich zu bestimmen, entsprechende Einrichtungen zu organisieren, Mittel herbeizuschaffen, andere Kreise sind zu veranlassen, daß sie durch persönliche Beeinflussung, durch persönlichen Rat, durch eigene Belehrungsarbeit die Gesundheit der Bevölkerung fördern. Man wird auch hierbei den praktischen Arzt nicht außer Acht lassen dürfen. Der Arzt ist heute leider kein Hausarzt und damit auch kein gesundheitlicher Berater der Familie mehr. Es liegt sicherlich auch im persönlichen Interesse des Arztes, wenn er die sich ihm häufig bietenden Gelegenheiten mehr ausnutzt, um seinen Patienten und deren Familien Hinweise zu geben, wie sie ihre Gesundheit verbessern, wie sie Krankheiten vorbeugen können. Gerade dadurch wird er auch bei der Bevölkerung das Ansehen des ärztlichen Standes, das Vertrauen zum Arzt, wesentlich heben können. Es ist notwendig, daß auch der Arzt in diesem Sinne schon während seiner Studienzeit erzogen wird. Es erscheint als eine Pflicht seiner Lehrer, vor allem der Hygieniker, daß der Mediziner im Laufe des Studiums eindringlichst auf seine Aufgabe als gesundheitlicher Erzieher des Volkes hingewiesen wird. Dem Amtsarzt oder jedem anderen in öffentlicher Stellung tätigen Arzt soll eine gewisse Mitarbeit bei der gesundheitlichen Erziehung der Bevölkerung zur Dienstaufgabe gemacht werden. Freilich mit Vorsicht, da diese Arbeit keine schematische sein kann. In ähnlicher Art muß bei Geistlichen und Lehrern vorgegangen werden. Auch hier muß eine entsprechende Erziehung während der Studienzeit einsetzen. In den Seminaren müssen sie einmal selbst zu einer richtigen persönlichen Gesundheitshaltung erzogen werden. Gerade bei Geistlichen und Lehrern, die ihre Studienzeit zum großen Teil gemeinsam in Internaten verbringen, ist diese Beeinflussung leicht. Entsprechende Beaufsichtigung der Internate, entsprechende Hausordnung und Anleitung der Internatsleiter durch die vorgesetzten Stellen sind dringend geboten. Wer den Wert einer gesunden Lebensführung an sich selbst mehrere Jahre lang erkannt hat, wird sie beibehalten und selbst auf diesem Gebiet ein Erzieher werden können. Man wird daher auch eine allgemeine stärkere Einwirkung auf weitere Kreise erst von einer entsprechend früh beeinflußten jungen Generation erwarten dürfen. Es genügt aber nicht, daß die Jüngeren selbst zu gesunder Lebensweise angehalten werden, sie müssen auch auf hygienischem Gebiet mehr Kenntnisse erwerben. Ganz besonders gilt das für den Lehrer. Der angehende Volksschullehrer erhält in Bayern Unterricht in der Gesundheitslehre, der in der Regel durch einen Arzt erteilt wird. In Bayern ist für den Lehramtskandidaten Gesundheitslehre eigenes Prüfungsfach. Man dürfte diesen Unterricht, der in entsprechender Ausdehnung nur in wenigen anderen Ländern eingeführt ist, zur Zeit wohl als ausreichend ansehen. Es ist sehr zu wünschen, daß diese Ausbildung der Lehrer, wie sie unter anderem auch auf den zwei letzten Tagungen der Deutschen Naturforscher und Ärzte in Leipzig und Innsbruck gefordert wurde, allgemein in Deutschland eingeführt würde. Am besten wird der hygienische Unterricht dem Volksschullehrer in den Seminaren erteilt. Kurze Lehrerkurse, besonders auf einem bestimmten Gebiet, z. B. Tuberkulose, werden als Ersatz heute nützlich sein. Man soll auch die Universität der hygienischen Erziehung viel mehr wie bisher dienstbar machen. Die Hygieniker der deutschen

Universitäten werden hier ein wichtiges, noch wenig bebautes Arbeitsfeld finden im Gegensatz zu anderen Ländern, wie etwa England, wo schon längst größere hygienische Vorlesungen für Nichtmediziner gehalten werden. Eine derartige Vorlesung über das Gesamtgebiet der Hygiene, die gleichzeitig auch dazu dienen soll, dem Studierenden ein Bild über die Aufgaben und Technik der modernen Gesundheitsfürsorge zu geben, kommt vornehmlich für den zukünftigen Verwaltungsbeamten, Geistlichen und Mittelschullehrer in Frage. Letzterer, der später seinen Schülern hygienische Kenntnisse übermitteln soll, ist gegenüber dem Volksschullehrer, der wenigstens in Bayern eine einigermaßen ausreichende Vorbildung erhält, im Nachteil. An den meisten Universitäten kann er wohl eine Vorlesung über spezielle Schulhygiene hören, die allgemein hygienisch meist ziemlich viel voraussetzt. Die für seinen späteren Unterricht nötigen hygienischen Kenntnisse muß er sich in der Hauptsache durch Selbststudium erwerben. Für den Mittelschullehrer — mindestens soweit er sich als Lehrer für die Naturkunde ausbildet — sollte der Besuch einer entsprechenden Hygienevorlesung, aber nicht der für Mediziner bestimmten Vorlesung, obligatorisch gemacht werden. Eine Prüfung in Hygiene wäre wohl erwünscht, sie zu fordern erscheint zur Zeit aber ziemlich aussichtslos. Ein gewisser Ersatz für die fehlende hygienische Vorbildung der jungen Mittelschullehrer wird in Bayern zur Zeit in der Art versucht, daß in den Seminaren der Mittelschullehrerkandidaten hygienische Vorträge durch Schulärzte gehalten und entsprechende Themen von den Seminaristen bearbeitet werden. Hiermit wäre eine gewisse, freilich noch recht ausbaubedürftige Besserung erreicht. Man wird fernerhin in den Fortbildungskursen, wie sie wohl für alle in Betracht kommende Personenkreise in allen Ländern stattfinden, auch Vorträge, Besichtigungen usw., die hygienische Themen und gesundheitliche Volksbelehrung betreffen, einfügen. Sehr nötig erscheint eine Erörterung dieser Themen in den Fortbildungskursen der Verwaltungsbeamten; auch in dieser Richtung hat Bayern schon Versuche gemacht, die bei weiteren Kursen fortgesetzt werden.

Die wichtigste Arbeit hat aber die gesundheitliche Erziehung in der Schule zu leisten. Daß die Schule der aussichtsreichste Ort ist, wo die heranwachsende Bevölkerung gesundheitlich beeinflußt werden kann, bedarf kaum einer näheren Begründung und Erörterung. Die Mehrzahl der Arbeiten, die sich mit der hygienischen Volksbelehrung beschäftigen, machen auch in dieser Richtung ihre Vorschläge. Nach zwei Richtungen erstrecken sich die Vorschläge und die tatsächlich durchgeführten Arbeiten. Einmal handelt es sich um den Ausbau des Gesundheitsunterrichtes und zweitens um die praktische Gesundheitsunterweisung während der Schulzeit. Ein Unterricht in Gesundheitslehre, der in der Hauptsache Bau und Funktionen des menschlichen Körpers unter entsprechenden Hinweis auf hygienische Regeln behandelt, ist in die Lehrpläne aller Länder eingefügt. Daß man sich mit dem Ausbau dieses Gesundheitsunterrichtes gerade von hygienischer Seite in den letzten Jahren vielfach beschäftigt, zeigt, daß er nicht erfüllt, was man von ihm auch nur in bescheidenem Maße erwartet. Die meisten Lehrer sind aus Mangel eigener Vorbildung diesem Unterricht nach seiner hygienischen Seite hin nicht gewachsen. Man hat daher mehrfach den Vorschlag gemacht, der Unterricht soll von Ärzten erteilt werden. Die Begründung, der Arzt verfüge über entsprechende Vorkenntnisse, hat ihre Richtigkeit, man vergißt hierüber aber zu sehr, daß zum Unterricht nicht nur eigenes Wissen, sondern auch pädagogische Erfahrung und Übung gehört, die der Nichtlehrer oft unterschätzt und die nur durch mehrjährige Praxis gelernt werden können. Gewiß gibt es Ärzte mit angeborenem Lehrtalent, aber sie sind selten. Da aber nur die pädagogische Befähigung den Erfolg des Unterrichtes sichert, muß man es auch als Arzt bei objektiver Kritik der Verhältnisse ablehnen, daß allgemein der Arzt, etwa der Schularzt, den gesundheitlichen Unterricht in der Schule erteilt. Es ist Sache des Lehrers und muß es bleiben. Der Schularzt kann aber den Gesundheitsunterricht des Lehrers durch seine Mitarbeit in der Art unterstützen und fördern, daß er bei seinen Untersuchungen Gelegenheit nimmt, die Kinder über diese oder jene gesundheitliche Frage zu belehren. Weiterhin sollte man dem Schularzt — außer diesem und besonders geeigneten Lehrern kommen andere Personen unter keinen Umständen in Frage — die Belehrung des Absolventen der Mittelschulen und der Fortbildungsschüler über die Gefahren der Geschlechtskrankheiten übergeben; in diesem Fall scheint der Arzt geeigneter als der Lehrer zu sein. Darüber, ob an Fortbildungsschulen ein Unterricht in der Säuglingspflege durch entsprechend vorgebildete Fürsorgerinnen und Wanderlehrerinnen mit Nutzen gegeben werden kann, müssen noch weitere Versuche, wie sie zur Zeit in Bayern und anderen Ländern angestellt werden, erst endgültig entscheiden; die Notwendigkeit eines derartigen Unterrichtes muß aber anerkannt werden.

Nötig ist für einen guten Gesundheitsunterricht entsprechende Vorbildung des Lehrers. Wie sie in Seminaren durchzuführen ist, wurde schon erörtert. Da Jahrzehnte vergehen werden, bis eine neue Generation einen entsprechenden Gesundheitsunterricht erteilen kann, muß man versuchen, durch Fortbildungskurse den heutigen Lehrer für diese Aufgabe besser vorzubereiten und persönlich zu gewinnen. Es wird aber von dieser Fortbildung, die nur Stückwerk sein kann, kein allgemeiner Erfolg zu erwarten sein. Trotzdem soll man doch derartige Kurse, wie sie z. B. in Berlin und Dresden abgehalten wurden, auch an anderen Orten einrichten, wobei man nach den örtlichen Bedürfnissen Inhalt und Dauer der Kurse ändern wird.

Nach dem Inhalt der in den meisten Ländern neu aufgestellten Lehrpläne wird eine Vermehrung der Unterrichtsstunden in Gesundheitslehre zur Zeit kaum möglich sein Sie dürften bei Volksschulen auch einigermaßen genügen. Sehr bedauerlich ist, daß nach den neuen Lehrplänen der Mittelschulen eine Erweiterung des naturwissenschaftlichen Unterrichtes und damit auch der Gesundheitslehre nicht erwartet werden kann. Eine wünschenswerte Verschiebung des Unterrichtes auf höhere Klassen scheint in den Mittelschulen auch zur Zeit nicht erreichbar. Man wird sich daher mit der zur Verfügung stehenden Stundenzahl begnügen, aber mit desto größerem Nachdruck eine Verbesserung und Abänderung des Unterrichtsstoffes fordern. Man wird vor allem verlangen, daß der Memorierstoff möglichst beschränkt wird, dafür aber der hygienische Stoff, der im Gesundheitsunterricht gewissermaßen ein Anhängsel ist, mehr in den Vordergrund gestellt wird. Wenn auch der Gesundheitsunterricht weniger in einer Vermehrung der Unterrichtsstunden als in bezug auf Änderung des Unterrichtsstoffes und Vertiefung nach der hygienischen Richtung hin eine gewisse Verbesserung erfahren kann, so soll man sich doch mit ihm allein nicht zufrieden geben, da er das gesundheitliche Wissen zwar bescheiden fördert, aber der hygienischen Erziehung der Jugend wenig dient. Es muß daher daran gedacht werden, die Schule dieser Aufgabe in anderer Art dienstbar zu machen. Ein gutes Beispiel, wie hier vorzugehen wäre, geben amerikanische Schulen. Seit mehreren Jahren beschäftigt man sich in Amerika eingehend mit der hygienischen Erziehung des Kindes. Es liegt zu dieser Frage ziemlich viel Literatur vor; mehrere große Kongresse, auf denen wertvolles Material mitgeteilt wurde, wurden eigens zu diesem Zweck abgehalten. Gelegentlich einer Studienreise konnte Verfasser den Eindruck gewinnen, daß in Amerika ein Weg beschritten wird, der auch in Deutschland, den Verhältnissen entsprechend abgeändert, wohl gangbar ist. Es würde an dieser Stelle zu weit führen, die amerikanischen Methoden eingehend zu schildern, es mag daher auf eine andere Arbeit (Seiffert, Bayr. Lehrerzeitung 1924, H. 46) verwiesen werden, die das Gebiet näher berührt. Es soll auch nicht unerwähnt bleiben, daß vor einiger Zeit Neufeld (D.W. 1922, Nr. 35) ähnliche Forderungen aufstellte, die zum Teil von anderer Seite angegriffen wurden, nicht mit Recht, da in den Forderungen Neufelds ein wertvoller Kern steckt, der entwicklungsfähig ist. Da die amerikanische Methodik die Forderungen Neufelds zum Teil erfüllt, ergibt sich schon hieraus, daß sie praktisch wohl anwendbar sind. Die amerikanische Methodik, die in der Hauptsache darin besteht, daß man die Kinder zur Befolgung einer Anzahl einfacher Gesundheitsgebote während der ganzen Schulzeit anhält, daß man die Gesundheitsregeln während der Schulzeit dem Verständnis des Kindes entsprechend erweitert und schließlich im Gesundheitsunterricht eingehend erklärt, ist das, was der deutschen Schule noch fehlt. Manche Mittel, die der Amerikaner anwendet, muten dem Deutschen seltsam an, sie sind für das deutsche Kind nicht ohne weiteres brauchbar. Trotzdem gibt es Wege, die man auch in deutschen Schulen begehen kann. Die praktische Gesundheitsunterweisung in der Schule läßt sich nach eigenen Versuchen an Hand weniger Gebote, in denen die wichtigsten Grundsätze der Gesundheitspflege zusammengefaßt sind, gut durchführen. In Bayern besteht die Absicht, entsprechende Anweisungen an die Volks- und Mittelschulen herauszugeben, nachdem die Lehrer durch Seminare und Fortbildungskurse für diese Arbeit einigermaßen vorbereitet und gewonnen sind. Es hat nach den bisherigen Erfahrungen den Anschein, daß der Weg der gesundheitlichen Erziehung der Jugend der beste ist, um in der Bevölkerung Verständnis für gesundheitliche Fragen zu wecken.

(Aus dem Hygienischen Institut der Universität Pisa. Vorstand: Prof. Dr. A. di Vestea.)

Un richiamo al termine di consolidamento di alcune parti dello Scheletro.

Per

Alfonso di Vestea.

Gl' igienisti della scuola sono oggi concordi che, durante il periodo prepubere e parte del successivo, gli esercizi fisici degli alunni devono contenersi negli stretti limiti della ginnastica fisiologica; per la qual cosa non sarebbe senza vantaggio una revisione dei programmi all' uopo. E sotto tale riguardo troverei opportuno richiamare l' attenzione degli educatori, tra le altre cose, sul momento normale di consolidazione o definitiva costituzione di singole parti scheletriche, cosa generalmente poco o punto considerata.

Astraggo dal caso di morbose predisposizioni individuali, dove l'uso intempestivo o sregolato degli esercizi metodici può svegliare processi patologici, che altrimenti rimarrebbero sopiti al coperto dei poteri naturali della guarigione. Mi riferisco solo al caso degli alunni di costituzione normale, in cui la pratica di determinati esercizi può, a forza di ripetersi, riuscire stimolo inopportuno per una ossificazione prematura delle cartilagini epifisarie.

Notoriamente lo scheletro umano offre, all' appressarsi della fase pubere, uno sviluppo in toto grandioso e rapido; ciò tanto più sensibile nelle ragazze. A tanti però passa inosservato, che l' assodamento morfologico di varii segmenti scheletrici è fatto postpubere, e parecchio tardivo: passa pure inosservato che di altre parti, egualmente di tarda costituzione definitiva, gioverebbe di potere questa affrettare per la loro finalità funzionale, ciò che nel primo caso sarebbe affatto inopportuno e talvolta dannoso.

Mi spiego con qualche esempio, attingendo la nozione del termine di consolidamento a trattati di Anatomia autorevoli.

— L' assetto morfologico definitivo de' capi ossei formanti l' articolazione del ginocchio, propriamente l' estremo distale del femore e quello prossimale della tibia, segue ben più tardi che non si creda; ossia oltre il 18⁰ anno, quando sta per definirsi il valore definitivo della statura. Lo sviluppo di questa (come si sa), dopolo slancio sopra ricordato del periodo pubere, si fa essenzialmente a spese della linea sottombelicale, e le cartilagini diaepifisarie di quegli estremi ssificano dopo le analoghe formazioni osteogeniche de' capi prossimale del femore e distale della tibia. Certi esercizî fisici agli attrezzi, particolarmente il salto di gara, per improprie e non necessarie ripercussioni degli urti sui ginocchi, possono affrettare il momento della consolidazione definitiva delle due ossa, con la consequenza d'una limitazione dello sviluppo della statura individuale.

— Il saldamento sternale della clavicola, di quest' osso fatto per chiudere in avanti la cintura scapolare, segue verso il 20⁰ anno d'età. Tale nozione dovrebbe, a mio aviso, essere tenuto presente a riguardo di noti esercizî di sospensione, chè dall' uso di essi può risultare uno sviluppo limitato delle porzioni apicali della gabbia toracica.

— I tre pezzi formanti l'osso iliaco si presentano primamente riuniti nel fondo della cavitá cotiloidea a mezzo della cartilogine a Y, e notoriamente la ossificazione di questa e il saldamento generale segue al tempo della pubertà. Degli urti violenti e ripetuti, che si ripercuotano nel fondo dell' acetabolo, non possono affrettare il termine di consolidazione de' due ossi innominati, con la conseguenza punto desiderabile nella donna d'una certa strettezza dell' anello pelvico?

— Offrono esempi di tardivo assodamento numerose sporgenze, creste, tuberosità ecc., che formano l' armatura delle vertebre, scapole, ossa ilíeche, costole ecc. (15^0—25^0 anno); e a riguardo di tali formazioni potrebbe tornare vantaggioso anzichennò affrettare, invece, mercè gli esercizi di palestra il momento della consolidazione definitiva, essendo esse generalmente destinate a dare inserzione a legamenti e capi muscolari.

Non mi dissimulo che nel detto va del vago e indeterminato. Se peró gli studiosi di educazione fisica si persuadessero, che in fondo v'è qualquosa non trascurabile per la loro arte, non sarebbe difficile ovviare al diffetto di precisione, essi contribuendo con una più positiva nozione fisio-meccanica degli esercizi, noi medici con una più accurata revisione del dato fisio-anatomico, oggetto della presente nota.

(Aus dem Physiologischen Institut der Universität Utrecht.
Vorstand: Prof. Dr. H. Zwaardemaker)

Korpuskuloäquivalenz oder energetische Gleichheit in der Radiumbiologie.

Von

H. Zwaardemaker.

Mit 6 Abbildungen auf 1 Tafel

Seit 1918 hat sich im Utrechter Physiologischen Institut die Tatsache ergeben, daß in manchen Organen das obligate Element Kalium durch alle andere radioaktive Elemente ersetzt werden kann, ohne daß deswegen die Funktion in ihren wesentlichen Zügen Abbruch erleidet. Ich möchte dies „wesentlich" betonen, denn alle stellvertretenden Elemente besitzen außer ihrer Radioaktivität auch noch chemische Eigenschaften, die ebenfalls zutage treten[1]).

Es kann uns daher nicht wundern, daß, obgleich die Funktion nach vollzogenem Ersatz fortdauert, dennoch Eigentümlichkeiten wahrnehmbar werden, welche die neue Funktion von der ursprünglichen unterscheidbar machen. Der Erfahrene kann mit ihrer Hilfe leicht feststellen, ob in einem ihm gezeigten, isoliert weiter funktionierenden Organ das Kalium von Uranium, von Thorium oder von Emanation, um vorläufig nur diese drei zu nennen, ersetzt worden ist[2]).

Ich möchte erst einige Beispiele solcher Vertretungen vorführen, um anschließend zu versuchen, die im Titel genannte, unseren Jubilar gewiß interessierende, allgemeine theoretische Frage näher zu erläutern.

Die typische experimentelle Methode, um zur Vertretung zu gelangen ist die, erst das Gewebskalium möglichst zu entfernen und nachher das neue Element in das System einzuführen. Die Kaliumentziehung darf dabei jedoch nicht zu lange, nicht mehr als eine Stunde fortgesetzt werden, denn ohne eine genügende Menge Bioradioaktivität und ohne eine genügende Menge der Substanz des Kaliums leiden alle Organe erfahrungsgemäß ziemlich stark. In unseren Beispiele wollen wir deswegen, weil wir schon oft Erholungen nach Entziehungsstillständen publiziert haben und jetzt die Vertretung an möglichst normal gebliebenen Organen zeigen möchten, die vorhergehende Kaliument-

[1]) H. Zwaardemaker, K. Akad. v. Wetensch. Amsterdam Proc. Vol. 19 p. 633, 1043; Vol. 20, p. 668.

[2]) Hinsichtlich dieser Unterschiede vorzeigender Abbildungen vgl. man: H. Zwaardemaker, Arch. int. de Physiol. Vol. 18, p. 282, Skand. Arch. f. Physiologie Bd. 43, p. 287, J. of Pharmacol. and exp. Therap. Vol. 21, p. 151, Qu. J. of exp. Phys. Vol. 14, p. 339.

ziehung diesmal völlig unterlassen und unmittelbar, nachdem wir das Organ mit gewöhnlicher normal zusammengesetzter Ringerlösung haben funktionieren lassen, demselben die modifizierten Ringerlösungen zuführen.

Abb. 1

Der Gang des Versuchs ist folgender:

Zuerst wird der isolierten Herzkammer mittels einer Doppelwegkanüle nach Kronecker eine gewöhnliche kaliumhaltige Ringersche Flüssigkeit zugeführt und, wenn die Durchströmung während einer Viertelstunde unter kräftiger Pulsierung angedauert hat, ohne Unterbrechung des Stromes eine modifizierte Ringerlösung mit stellvertretendem radioaktivem Element zugeleitet. Alle übrigen Versuchsbedingungen: die Temperatur, der hydrostatische Druck, der osmotische Druck, der P-Wert, gegenüber Neutralrot gemessen, die Kalziummenge usw. bleiben absolut konstant. Bei richtig getroffener Konzentration zeigen sich dann nur zwei Möglichkeiten. Entweder die Funktion geht ungestört weiter (im Sommer gewöhnlich der Fall oder es findet eine kurze Unterbrechung der Pulsationen statt (im Winter oft sich darbietend)[1]). Vor wie nach ist die Automatie vollkommen dieselbe.

Abb. 2

Unter den Eigenschaften der Automatie ist die periodische Zeit die wichtigste. Sie hängt, unter übrigens gleichen Umständen, von der Konzentration des radioaktiven Elements ab. Bei richtiger Wahl der Konzentrationen läßt sich leicht feststellen, daß die perodische Zeit die gleiche bleibt (Abb. 1). Auch das Elektrogramm zeigt das gleiche Bild, wenigstens in der ersten Viertelstunde, denn später wird es durch die chemischen Nebenwirkungen mitbestimmt[2]).

Abb. 3

Absichtlich haben wir hauptsächlich Übergänge ohne paradoxalen Stillstand gewählt (Abb. 1—4) und bloß, wo das Kalium von physikalisch kleinen Massen vertreten wird (Abb. 5) oder zuvor vertreten worden ist (Abb. 6), auch solche mit paradoxalem Stillstand vorgeführt, weil wir, um nicht zu ausführlich zu werden, die Gedanken nicht von der Vertretung als solche ablenken wollen. Die paradoxalen Stillstände sind übrigens für unser Thema nicht von besonderem Interesse, da sie an und für sich nicht beweiskräftig sind für den hier nicht weiter zu erörternden radio-physiologischen Antagonismus. Wirklich Evidenz in dieser Hinsicht können erst die von uns früher beschriebenen Gleichgewichte bringen[3]). Über Wiederbelebungen nach völligem Stillstand durch Entziehung von Kalium oder durch Entziehung von Radioaktivität vergleiche man meine früheren Schriften.

---

[1]) Vgl. u. a. J. B. Zwaardemaker Inaug. Diss. 1922, p. 55. H. Zwaardemaker, Skand. Arch. f. Physiol. Bd. 43, p. 287.

[2]) H. Zwaardemaker, J. of. Physiol. Vol. 55. p. 33. 1921. — H. Zwaardemaker. Klin. Wochenschr. Bd. 1. S. 594. 1922.

[3]) Vgl. H. Zwaardemaker, Erg. d. Physiologie Bd. 19, S. 377. 1921

Abb. 4

Im vorhergehenden ist schon oft von geeigneter Dosierung des radioaktiven Elements in der modifizierten Ringerschen Lösung die Rede gewesen. Ich halte folgende für die empfehlenswertesten:

(in Milligr. pro Liter modifizierten Ringerschen Flüssigkeit:)

im Winter		im Sommer
53	Kalium	20
105	Rubidium	34
24	Thorium	5
12	Uranium	2 · 4
1	Ionium	— — —
$3 \cdot 10^{-6}$	Radium	$0 \cdot 5 \cdot 10^{-6}$
1/100 Mikrokurie	Emanation	1/300 Mikrokurie[1])

Von den meisten radioaktiven Elementen ist bekannt, wieviel Teilchen (Alpha- oder Beta-) sekundlich pro Gramm des Elements emittiert werden. Also können wir auch die Zahl der von unseren Dosen abgesandten Teilchen feststellen. Hierzu ist die folgende Tabelle dienlich.

Anzahl emittierter Teilchen pro Gramm und pro Sekunde.

Kalium[2])	2000	(Beta-Teilchen).
Thorium[3])	4500	(Alphateilchen, neben Betateilchen, wenn das Transformationsprodukt Mesothorium vorhanden ist.
Uranium[4])	$2 \cdot 37 \cdot 10^{4}$	(Alphateilchen, neben Betateilchen, wenn das Transformationsprodukt Uranium X vorhanden ist).
Radium[5])	$3 \cdot 4 \cdot 10^{10}$	(Alphateilchen neben einer gleichen Zahl Betateilchen und einer Unmenge weiterer Alpha- und Betateilchen, wenn Transformationsprodukte vorhanden sind).
Emanation[6])	$5 \cdot 7 \cdot 10^{15}$	(Alphateilchen einer Radiumlösung durch Evakuation frisch entnommen).

Abb. 5

Multiplizieren wir jetzt die Zahlen der beiden vorhergehenden Tabellen, so bekommen wir, z. B. für die Winterversuche, Zahlen von nahezu derselben Ordnung.

Zahl der in den modifizierten Ringerlösungen pro Liter und pro Sek. emittierten Teilchen[1]).

$$53 \cdot 10^{-3} \cdot 2000 = 106$$
$$24 \cdot 10^{-3} \cdot 4500 = 108$$
$$12 \cdot 10^{-3} \cdot 2 \cdot 37 \cdot 10^{4} = 284$$
$$3 \cdot 10^{-9} \cdot 3 \cdot 4 \cdot 10^{10} = 102$$
$$6 \cdot 10^{-14} \cdot 5 \cdot 7 \cdot 10^{15} = 342$$

Wenn man sich überlegt, daß die Urandosis wahrscheinlich etwas zu hoch gegriffen ist (sehr oft kommt man mit weniger aus) und die Emanation

---

1) Das Gewicht einer Kurie entspricht $6 \cdot 10^{-6}$ Gramm. St. Meyer u. v. Schwendler, Radioaktivität. Leipzig 1916, p. 325.

2) Lazarus, P. Hdb. Radiumbiologie u. Therapie. Wiesbaden 1913, p. 264. K : Ra B a 4 : 10.

3) Rutherford in Marx' Hdb. der Radiologie p. 495.

4) Rutherford in Marx' Hdb. der Radiologie p. 524.

5) Rutherford in Marx' Hdb. der Radiologie p. 117.

6) St. Mayer, E. v. Schwendler, Radioaktivität p. 325.

technisch niemals ohne Verlust in der Ringerlösung aufgenommen wird, so steht es uns frei, die Zahlen der letzten Spalte unserer kleinen Tabelle als sich einander überraschend naheliegend zu betrachten, obgleich sie aus weit divergierenden Faktoren gewonnen sind. Das wäre, wenn auch weniger günstig, nicht anders gewesen, wenn wir statt der Winterdosen die Sommerdosen genommen hätten. Ein Bedenken kann zwar geäußert werden, weil wir die Betateilchen vernachlässigt haben, die wahrscheinlich in nicht abschätzbarer Menge neben den Alphateilchen emittiert worden sind. Alpha- und Betateilchen zusammen genommen werden also für Thorium und Uranium (weil in diesen Fällen sich neben dem reinen Element wahrscheinlich Transformationsprodukte in der Lösung befunden haben) sowie für Radium (weil das Radium zu gleicher Zeit Alpha- und ein Betateilchen aussendet) in größerer Anzahl vorhanden gewesen sein als hier angegeben. Aber anderseits haben wir zu beachten, daß eine nicht genau bekannte Menge der Atome in unlösliche, nicht an den Zellen haftende Form übergegangen ist, was wegen dem Fehlen einer Anhäufung durch Absorption eine geringere physiologische Wirkung bedeutet. Dann spielt noch der physiologische Radioantagonismus hinein. Obgleich alle diese Umstände sich nicht genau abwägen lassen, gehen wir wahrscheinlich nicht fehl, wenn wir auf Grund des geschilderten Zusammentreffens der aus stark auseinandergehenden Werten entstandenen Produkte in den benützten Flüssigkeiten ungefähre Korpuskuloäquivalenz annehmen. Nach Gewicht genommen divergieren die pro Liter verwendeten Dosen enorm, bald millionenfach, nach der Zahl der pro Liter Ringerlösung emittierten Teilchen beurteilt, sind sie, wenn auch nicht gleich, dennoch von derselben Ordnung, höchstens dreifach verschieden.

Jedes dieser Teilchen ist im Momente seiner Aussendung aus dem Kern des Atoms der Träger eines Quantums kinetischer Energie, Diese Menge ist für die verschiedene Art der Teilchen von divergenter Größenordnung. Das Betateilchen des Kaliums vergegenwärtigt eine Energie von etwa $^1/_4$ Mikroerg., das Alphateilchen eines stellvertretenden Elements eine Energie von 6,4 bis zu 10 Mikroerg. Wenn also unsere modifizierten Ringerschen Flüssigkeiten Korpuskuloäquivalenz darbieten, eine Energieäquivalenz geht ihnen gewiß ab. Jedoch hat diese Betrachtung bloß für die Flüssigkeiten Geltung. Im Organ kann es sehr wohl anders sein. Ein Froschherz mittlerer Größe enthält 0,2 mgr Kalium. Wir dürfen daher annehmen, daß bereits aus diesem Grunde durchschnittlich jede zweite oder dritte Sekunde an irgendeiner Stelle im Herzmuskel des Frosches ein Betateilchen emittiert wird! Rechnen wir noch die Kaliumionen hinzu, welche im Experiment aus der normalen Ringerschen Flüssigkeit, normaliter aus dem Blut herkünftig, sich den Zellen anheften, so ist es wahrscheinlich, daß das Ereignis der Emission eines Teilchens öfters, vielleicht durchschnittlich einmal pro Sekunde zutrifft.

Rubidium verhält sich, weil es ins Innere der Zellen eindringen kann, wie das Kalium; aber für die alphastrahlenden Vertreter liegt die Sache anders. Diese bleiben an der Oberfläche der Zellen und heften sich dort, wie aus einer Versuchsreihe von H. Zeehuisen und W. E. Ringer hervorgeht, besonders reichlich an. Wenn man 10 Froschherzen, die, um von einem Teil ihres Kaliums befreit zu werden, mehrere Stunden hintereinander auf einer uranhaltenden, kaliumfreien Ringerschen Lö-

---

[1]) Ionium ist nicht aufgenommen, weil es zu rasch in der Ringerlösung präzipitiert, um eine genaue Dosierung der Lösung zu erlauben.

sung pulsiert haben, einäschert und nachher in einer Ionisationskammer mit empfindlichen Quadrantelektrometer auf ihre Strahlung untersucht, so zeigt sich ein rechte bedeutende Alphastrahlung. Es ist nicht unmöglich, daß die Frequenz der Emissionen im Organ eine durchschnittliche Zeitordnung wie im Kaliumfall besitzt.

Es fragt sich nun, sollen wir die Gleichheit der Emissionenzahl oder die energetische Gleichheit in den Vordergrund stellen? Zum ersteren sind wir geneigt, wenn wir annehmen, daß der Zustand im Organ eine treue Abspieglung ist von jenem in der Flüssigkeit, zum letzteren, wenn wir uns Flüssigkeit und Organzustand bis zu gewissem Grade unter sich unabhängig denken. Beides ist möglich. Erlaubt uns vielleicht irgendeine plausible Theorie eine Wahl zu treffen?

Die Äquiradioaktivität, sei sie Korpuskuloäquivalenz oder Energieäquivalenz, läßt sich in den verschiedensten Weisen deuten. Wir wollen die Hypothesen, die sich darbieten, der Reihe nach aufführen.

1. Mechanische Hypothese. Wenn man sich die biologische Wirkung der Radioaktivität ballistisch vorstellt, drängt sich uns die Analogie auf zwischen der Reizwirkung eines in die Muskelmasse irgendwo einfallenden Teilchens und der künstlichen Berührung mit einer Sonde mit irgendeinem willkürlichen Punkt des Herzens. Beide veranlassen eine sich überall hin verbreitende Zusammenziehung, vorausgesetzt daß sie außerhalb des refraktären Stadiums eintreffen. Die $^1/_4$ Mikroerg. eines Betateilchens, die 6—10 Mikroerg. eines Alphateilchens, und der einige Erg. betragende Impuls eines fallenden Quecksilbertröpfchens, zeigen dabei denselben Erfolg. Dieser Erfolg ist eine solitäre Systole, wenn bloß Exzitabilität, eine Gruppe oder kurze Zeit anhaltende Automatie, wenn außerdem latente Automatie vorhanden ist. Die Analogie ist bestechend, aber sie erkärt nicht das Einander-Entgegenwirken, wenn Alpha- und Betastrahlung ungefähr gleichzeitig angewendet werden.

2. Kolloid-chemische Hypothese. Denkt man sich eine Strahlung, z. B. eine Alpha-, Beta-, Gamma- oder Röntgenstrahlung, eine Eiweißkondensation zustande bringend, so ließe sich eine solche vielleicht in den Grenzschichten der Muskelzellen lokalisierte Kondensation, normaliter seitens der Kaliumradioaktivität unter artifiziellen Bedingungen von der sie vertretenden Strahlung abhängig, als die Bedingung jener eng umschriebenen Permeabilität der Grenzschichten betrachten, welche für die normale Funktion bestimmend ist.

3. Chemische Hypothese. Es ist möglich, sich vorzustellen, daß unter dem Einfluß irgendeiner Strahlung gewisse Substanzen in den Organen frei werden oder neu entstehen. Sicher wird in manchen Zellen Kalium frei gemacht, aber auch reizende Stoffe könnten sich bilden. Wenn diese Stoffe fortwährend neugebildet und rasch wegdifferendierend gedacht werden, wäre hiermit ein Funktionieren während genügender Strahlung und Ruheeintritt bei ungenügender Strahlung befriedigend erklärt. Besser als die beiden vorigen Hypothesen vermag diese Vorstellung sogar den radiophysiologischen Antagonismus zu erklären. Man hätte dann durch Alpha- und Betastrahlung die Bildung

zwei verschiedener Reizstoffe anzunehmen, z. B. eine rechts- und eine linkssdrehende, deren Wirkungen sich gegenseitig aufheben. Eine energetische Äquivalenz wäre, wie mir scheint, leichter mit einer solchen chemischen Hypothese in Übereinstimmung zu bringen als die für die Flüssigkeiten empirisch gefundene Korpuskuloäquivalenz.

4. Katalyse-Hypothese. Manchmal schreibt man den radioaktiven Strahlungen katalytische Wirkungen zu, und es wäre möglich, in der normalen Bioradioaktivität und in den sie ersetzenden Strahlungen solche Katalysatoren zu sehen. Wenn man annehmen dürfte, daß viele Energie eine negative, wenige Energie eine positive Katalyse hervorriefe, wäre auch der Antagonismus erklärt, aber unverständlich würde zu gleicher Zeit die vollkommene Ähnlichkeit der beiden Automatien werden. Bloß sehr gekünstelte Hilfshypothesen sind imstande, diese Schwierigkeit zu überbrücken.

5. Physiologische Hypothese. Am meisten verspricht noch ein Erklärungsversuch in physiologischer Richtung, wobei ein Zusammenhang mit der Ladung der Teilchen gesucht wird. Die Möglichkeit, daß die Emission eines Betateilchens mit einem Katelektrotonus und die Emission eines Alphateilchens mit einem Anelektrotonus einhergeht, ist nicht ausgeschlossen. Die Rezeptoren in den Muskelzellen hätten dann sowohl auf das Entstehen eines Katelektrotonus als auf das Verschwinden eines Anelektrotonus mit einer Erregung zu antworten. Weil überall im Herzen die Wirkung der mit großer Geschwindigkeit fortschreitenden Teilchen verbreitet ist, hängt es von der Empfindlichkeit und dem augenblicklichen Zustand der verschiedenen Muskelzellen ab, welcher Rezeptor den Reiz aufnimmt. Im allgemeinen wird es der Rezeptor der „Pacemaker"-Zelle sein, wenn diese sich im nichtrefraktären Stadium befindet. Von hieraus pflanzt sich die Erregung durch die ganze Muskelmasse fort. Mit Korpuskuloäquivalenz und Energieäquivalenz ist die physiologische Hypothese gleich gut verträglich.

Kehren wir zurück zu unserem Ausgangspunkt, Die Bahn, welche die experimentelle Forschung einzuschlagen hat, findet sich durch obenstehende Überlegungen klar vorgezeichnet. Man wird zwischen Korpuskuloäquivalenz und Energieäquivalenz frei von aller Theorie zu entscheiden haben. Glücklicherweise ist das sehr wohl möglich, wenn man in geduldiger Arbeit die Intensität der Strahlung feststellt, welche die Aschen längerer Zeit in Pulsation gehaltener Herzen ergeben, einerlei ob sie Herzen entstammen, die einige Stunden auf Kalium, oder ob sie von Herzen herrühren, die einige Stunden auf Uran resp. Thorium oder Radium pulsiert haben. Auch die Art der Strahlung solcher Aschen läßt sich leicht feststellen. Die Kaliumstrahlung ist durchdringend und wird von einem dünnen Aluminium- oder Staniolblatt als Decke wenig gehindert, die Alphastrahlung der übrigen Elemente wird völlig absorbiert. Schon einige Bestimmungen liegen vor, welche sich immer auf die Aschen von zehn Herzen beziehen, die einige Stunden pulsierten. Eine solche Arbeit erfordert jedoch Monate. Es wird also noch ein langer Weg zu durchschreiten sein, bevor die Frage, die wir uns im Anfang stellten, in befriedigender Weise gelöst sein wird.

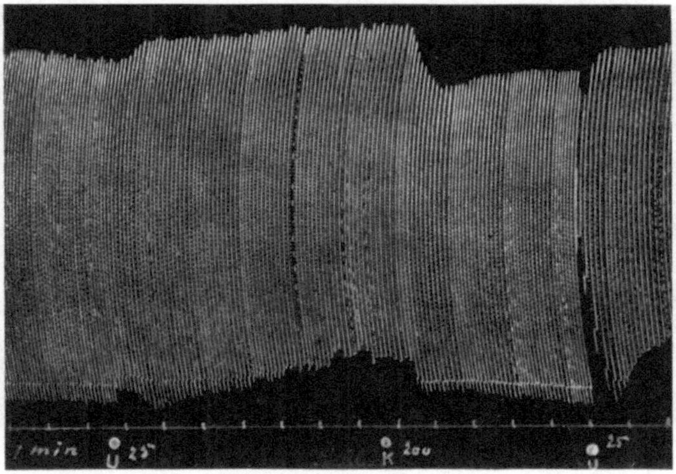

Abb. 1.

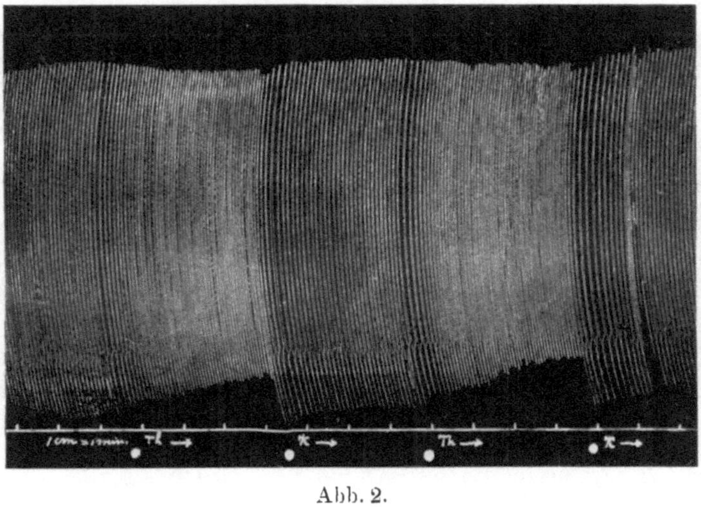

Abb. 2.

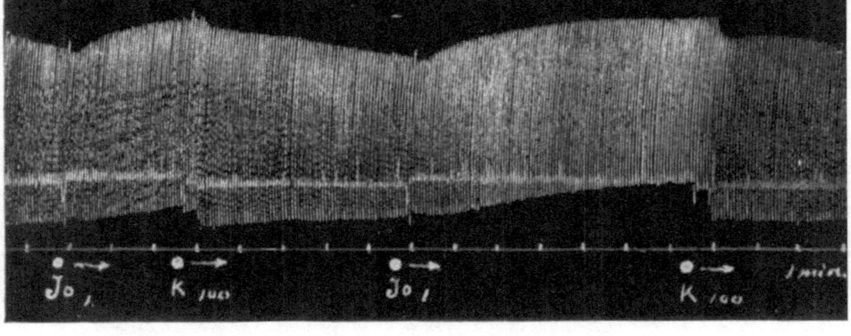

Abb. 3.

Tafel zu: Zwaardemaker, Korpuskuloäquivalenz.

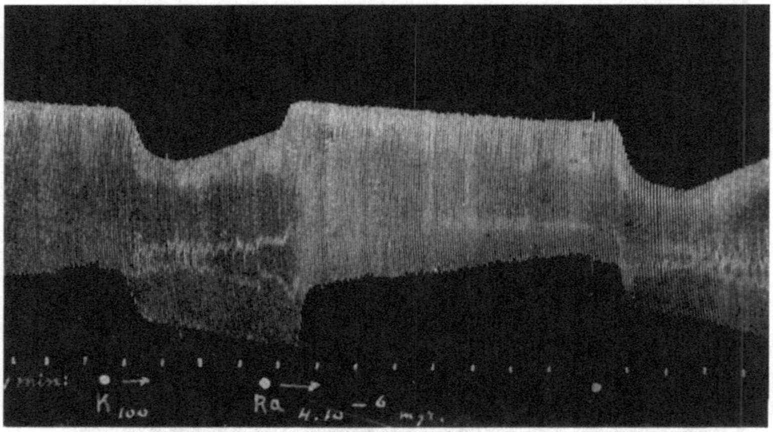

Abb. 4.

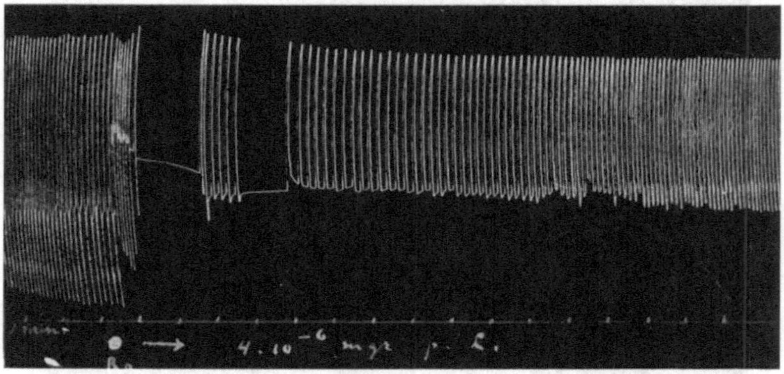

Abb. 5.

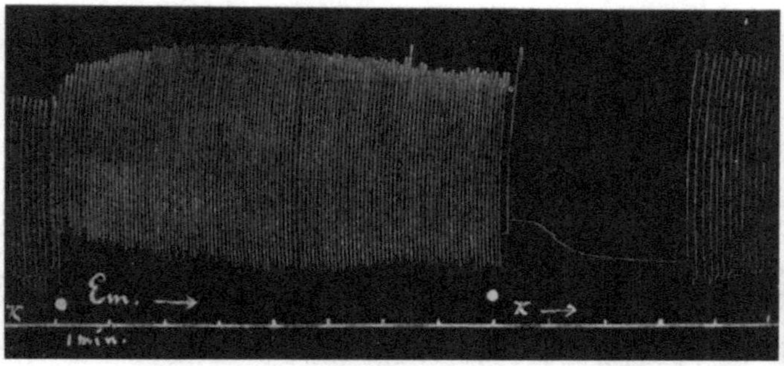

Abb. 6.

Erklärung der Abbildungen.

Abb. 1

Pulsierung eines Froschherzens abwechselnd auf einer kalium- und einer uranhaltigen Flüssigkeit.

Angefangen ist mit normaler Ringerlösung. Beim ersten weißen Punkt wird eine Ringerlösung zugelassen, die, statt des Kaliums, pro Liter 25 mg. Uranylnitrat enthält. Beim zweiten weißen Punkt wird die uranhaltige Lösung mit einer Lösung vertauscht, die 200 mg Kaliumchlorid enthält. Beim dritten weißen Punkt wird zu 25 mg Uranylnitrat zurückgekehrt.

Die Zeit ist in Minuten angegeben.

Abb. 2

Pulsierung eines Froschherzens, abwechselnd auf einer kalium- und einer thoriumhaltigen Flüssigkeit.

Dosen, wie in der Tabelle angegeben. Links wird mit normaler Ringerlösung angefangen.

Abb. 3

Pulsierung eines Froschherzens, abwechselnd auf einer Kalium- und einer Ionium-Ringerlösung.

Links wird angefangen mit normaler Ringerlösung. Beim ersten weißen Punkt wird eine Ringerlösung zugelassen, die statt des Kaliums ein Milligramm eines Ionium-Thoriumsalzes in kolloider Lösung enthält. Beim zweiten weißen Punkt wird wieder Kaliumchlorid, und zwar 100 mg pro Liter benutzt. Beim dritten Punkt wird das Kaliumchlorid aufs neue mit Ionium vertauscht und beim vierten Punkt zu Kalium zurückgekehrt.

Die Zeit ist in Minuten angegeben.

Abb. 4

Pulsierung eines Froschherzens, abwechselnd auf einer Kalium- und einer Radium-Ringerlösung.

Links wird mit Radium-Ringerlösung angefangen, dann beim ersten weißen Punkt zu einer Ringerlösung mit 100 mg Kaliumchlorid übergegangen. Beim zweiten weißen Punkt kommt wieder eine Radium-Ringerlösung in Betracht, und zwar eine solche, die, wie das erstemal, vier Mikro-Milligramm Radium enthält. Beim dritten weißen Punkt wird zu Kalium-Ringerlösung zurückgekehrt.

Die Zeit ist in Minuten angegeben.

Abb. 5

Übergang mit Paradoxon von K→Ra.

Links wird mit normaler Ringerlösung angefangen und beim weißen Punkt auf Radiumlösung übergegangen.

Die Zeit ist in Minuten angegeben.

Abb. 6

Pulsierung eines Froschherzens, abwechselnd auf einer kalium- und einer emanationhaltigen Ringerlösung.

Links wird mit normaler Ringerlösung angefangen. Bald nachher folgt Emanation 0,25 Mikrokurie pro Liter (erster weißer Punkt). Beim zweiten weißen Punkt wird zu normaler Ringerlösung (100 mg KCl.) zurückgekehrt.

Die Zeit ist in Minuten angegeben.

*

Verzeichnis der Schriften Hermann Griesbachs

1. Abhandlungen in wissenschaftlichen Zeitschriften und Enzyklopädien.
2. Schriften in Broschüren- und Buchform.
3. Populärwissenschaftliche Aufsätze.
4. Vorträge und Ansprachen auf Kongressen und in wissenschaftlichen Gesellschaften.
5. Diskussionsbemerkungen daselbst.
6. Kritische Besprechungen.
7. Behördliche Gutachten.
8. Nekrologe.
9. Internationale schulhygienische Bibliographien.
10. Referate (nicht besonders numeriert).

1876:

Über den Bau des Bojanusschen Organs. Philos. Doktordissert. Univ. Leipzig. Erschienen in Troschels Archiv, 47 Seiten, 2 teils farbige Tafeln. (1. Historischer Überblick, 2. Makroskopische Anatomie, 3. Mikroskopische Anatomie, 4. Betrachtungen über die Physiologie und vergleichende Morphologie des Organes.) [1

1878:

Die Tintenfische im Berliner Aquarium. „Daheim" Nr. 31, mit 4 Abbildungen nach der Natur aufgenommen. [2

Zum Studium der modernen Zoologie. Verlag von Winter, Leipzig und Heidelberg, Broschüre von 47 Seiten. (Ausblicke auf den akademischen Unterricht in Naturwissenschaften und Medizin.) Verfassungsdatum: Berlin, Anfang März. [3

1879:

Über naturwissenschaftlichen Unterricht. (Betrachtungen zur physiologischen Pädagogik, dem Kgl. Preuß. Provinzialschulkollegium in Danzig für die dort abzuhaltende Direktorenkonferenz unterbreitetes Schreiben. Abgedruckt in den Berichten der Konferenz.) [4

Gymnasium und Realschule. Verlag von Burmester & Stempel, Berlin, Broschüre von 33 Seiten. (Ausblicke auf den akademischen Unterricht in der Medizin und den Naturwissenschaften.) [5

1881:

Über allgemeine Bildung auf Gymnasien usw. Hinstorffscher Verlag, Ludwigslust, Broschüre von 79 Seiten. (Pädagogische und unterrichtshygienische Erwägungen.) [6

1882:

Ein neues Tinktionsmittel (Jodgrün) für menschliche und tierische Gewebe. Zoolog. Anzeiger Nr. 117, S. 406–410. (Histolog.-histochem.) [7

1883:

Die Auster und die Austernwirtschaft mit besonderer Berücksichtigung der Auster der Schleswig-holsteinischen Nordseeküste. Nach Beobachtungen auf dem Regierungsdampfer „Delphin". Vortrag, gehalten in der Naturf.-Ges. zu Basel am 27. Juni. Abgedruckt: Kosmos, Jahrg. VII, Bd. 13, S. 449–463, mit 2 Holzschnitten im Text und 2 Tafeln. [8

Über das Gefäßsystem und die Wasseraufnahme bei Najaden und Mytiliden. (Vorläufige Mitteilung.) Biolog. Zentralbl., Bd. II, Nr. 10, S. 305–310. (Histolog.-biolog.) [9

Über das Gefäßsystem und die Wasseraufnahme bei Najaden und Mytiliden. Zeitschrift f. wissenschaftl. Zoologie, Bd. 38, Heft 1, S. 1–44, mit einer teils farbigen Tafel. Habilitationsschrift für die Univ. Basel. (Histolog.-biolog.) [10

Architektonik und Funktionen des Organismus. (Habilitationsrede, gehalten in der Aula der Univ. Basel.) Abgedruckt: Deutsche Revue, hrsg. von Fleischer, Heft 13, Dezember, S. 366 bis 386. [11

Beiträge zur Verwendung von Anilinfarbstoffen in der mikroskopischen Technik. Zoolog. Anzeiger, 6. Jahrg., Nr. 135, S. 172–174. (Histolog.-histochem.) [12

Die Azofarbstoffe als Tinktionsmittel für menschliche und tierische Gewebe. Archiv f. mikrosk. Anatomie, Bd. 21, S. 132 bis 142. (Histolog.-histochem.) [13

Zur Injektionstechnik bei Wirbellosen. Archiv f. mikrosk. Anatomie, Bd. 22, S. 824–827. (Histolog.) [14

Die Wasseraufnahme bei den Mollusken. Biolog. Zentralbl., Bd. II, Nr. 18, S. 373–375. (Histolog.-biolog.) [15

Die Wasseraufnahme bei den Mollusken. Zoolog. Anzeiger, Jahrg. 6, September, Nr. 149, S. 515–518. Datum: Ostseebad Scharbeutz, August. (Biolog.) [16

Bindesubstanz und Coelom der Cestoden. Biolog. Zentralbl., Bd. III, Nr. 9, S. 268–270. (Histolog.) [17

Über das Nervensystem von Solenophorus megalocephalus. Archiv f. mikrosk. Anatomie, Bd. 22, S. 365–368. (Histolog.) [18

Beiträge zur Kenntnis der Histologie der Cestoden. Mit 1 Holzschnitt im Text und 3 teils farbigen Tafeln. Archiv f. mikrosk. Anatomie, S. 525–584, mediz. Doktordissert. Heidelberg. (Inhalt:

1. Grundsubstanz, 2. Cuticula und die subkutikularen Schichten, 3. Wassergefäßsystem, 4. Kalkkonkremente, 5. Muskulatur, 6. Nervensystem, 7. Résumé.) Datum: Basel, im März. [19

1884:

Zur Frage: Wasseraufnahme bei den Mollusken. Zoolog. Anzeiger, Jahrg. 7, Nr. 163, S. 169—171. (Histolog.-biolog.) [20

Über Wasseraufnahme bei den Mollusken. Vortrag, gehalten auf der 56. Vers. deutscher Naturforscher und Ärzte in Freiburg. Abgedruckt in den Berichten, S. 405ff. Diskussion: Carriere, Ziegler, Schlußwort: Griesbach. (Histolog.-biolog.) [21

Zur Geschichte der organisierten Krankheitsgifte. Bakteriolog. Programmschrift zum Hygieneunterricht in der Industrieabteilung der Kaiserl. Gewerbelehranstalt in Mülhausen i. Els. (Inhalt: 1. Kontagium und Miasma, 2. Morphologie und Physiologie der Pilze, insbesondere der Schizomyceten. Mit 670 Literaturnachweisen.) [22

Referate in der Zeitschrift für wissenschaftliche Mikroskopie. 1884. Bd. 1.

Flögels Dunkelkasten, S. 266 f. — Schulgins Technik der Histologie, S. 268. — Kossmanns Mikrotomtechnik, S. 269. — Andres, Giesbrechts und Mayers Neuerungen in der Schneidetechnik, S. 270—272. — Franz Eilhard Schulze, Schnittstrecker, S. 273—274. — Flögels Serienpräparate, S. 274—275. — Gages und Smiths Serial microscopic sections, S. 275—277. — Grahams Ivory drop-black, S. 277. — Buskspaper cells, S. 277—278. — Blancs Méthodes pour conserver et colorer les protozoaires, S. 282—283. — Waddingtons Action of tannin on the cilia of infusoria, S. 283—85. — Fearnleys Modification of the Groves-Williams ether freezing Microtome, S. 434—435. — L. Gerlachs Glyzerin-Leimeinbettung, S. 436—438. — Scotts Imbedding in egg mass, S. 435. — Hoffmanns einfacher Einbettapparat, S. 435—436. — Deckers neuer Schnittstrecker, S. 438. — Francottes Nouveaux réactifs colorants, S. 440. — Levicks Exhibiting Volvox and Amoeba, S. 444. — Chadwicks experiments made with a view of Killing hydroid Zoophytes and Polyzoa, S. 445—446. — Bonnets Anleitung zur Untersuchung tierischer Gewebe, S. 567—571. — Francottes Microtomes et méthodes d'inclusion, S. 571—574. — G. Retzius Employment of the freezing method in Histology, S. 571. — Sollas Method of using the freezing microtome, S. 574. — Stovils Studies in Histology, S. 575—576. — Kingsleys Rapid microscopic mounting, S. 575. — Lovetts Method of preparing embryological organisms for microscopical examination, S. 577—578. — Francottes Descriptions des différentes méthodes employées pour ranger des coups en séries sur le porte-objet, S. 579—580. — Mitchels Staining with hæmatoxylon, S. 583. — Coles Logwood staining, S. 584. — Gilliatts Action of tannin on infusoria, S. 585.

1885:

Zur Frage: Wasseraufnahme bei den Mollusken. Zoolog. Anzeiger, Jahrg. 8, Nr. 196, S. 329—332. (Histolog.-biolog.) [23

Referate in der Zeitschrift für wissenschaftliche Mikroskopie Bd. II.

Golding-Birds New microtome, S. 78—79. — Bales Closing glycerine cells, S. 79—80. — Gages Collodion fixative for sections, S. 80. — Greys Glyzerine in mounting, S. 81. — Coxs Cement for mounting, S. 83. — Hitchkocks Preparation of shellac-cement, S. 83—84.

1886:

Weitere Untersuchungen über Azo-Farbstoffe behufs Tinktion menschlicher und tierischer Gewebe. Mit 2 Holzschnitten im Text. Zeitschrift f. wissenschaftl. Mikroskopie, Bd. III, S. 358 bis 385. (Histolog.-chem.) [24

Harnorganeentwicklung. Mit 10 Figuren im Text. Enzyklopädie der Naturwissenschaften, Abt. I, Teil 3, Bd. 4, S. 21—37. [25

Hautentwicklung. Mit 3 Figuren im Text, ib. S. 63—68. [26

Herzentwicklung. Mit 1 Figur im Text, ib. S. 118—124. [27

Histologie, ib. S. 154—156. [28

Hörorganeentwicklung, ib. S. 162—168. [29

Hohltiereentwicklung, ib. S. 171—173. [30

Holoblastische Eier, ib. S. 176. [31

Hühnerei. Mit 1 Figur im Text, ib. S. 195—197. [32

Keimblätter, ib. S. 537—538. [33

1887:

Das Methanilgelb. Weitere Untersuchungen behufs Tinktion menschlicher und tierischer Gewebe und Erwägungen über die chemische Theorie der Färbung. Zeitschrift f. wissenschaftl. Mikroskopie, Bd. 4, S. 439—452, mit 4 Holzschnitten im Text. (Histolog.-histochem.) [34

Der Elementarorganismus. Vortrag, gehalten im Naturwissenschaftl. Verein zu Mülhausen i. Els. Brinkmanns Verlag. (Biolog.) [35

1888:

Theoretisches über mikroskopische Färberei. Zeitschrift f. wissenschaftl. Mikroskopie, Bd. 5, S. 314—319. (Histolog.-histochem.) [36

Kritische Bemerkungen zu Dr. L. Ferias Mitteilung: La colorazione delle fibra elastiche coll' acido cromico e colla safranina, ib. Bd. 5, S. 486—490. (Histolog.-histochem.) [37

Demonstration mikroskopischer Tinktionspräparate auf der Versammlung der anatomischen Gesellschaft 20. bis 23. Mai in Würzburg. Anat. Anzeiger, Jahrg. 3, S. 745—753. (Histolog.) [38

Larven. Enzyklopädie der Naturwissenschaften, Abt. I, Teil 3, Bd. 5, S. 20—30. [39

Lurchentwicklung, ib. S. 183—188, mit einem Holzschnitt im Text. [40

Lymphgefäßsystementwicklung, ib. S. 203. [41

Lamarcks Entwicklungslehre, ib. S. 208—209. [42

Leibesformentwicklung, ib. S. 210—214. [43

Mensch, allgemeine Entwicklung, ib. S. 369—375, mit 2 Holzschnitten im Text. [44

Metazoen, ib. S. 394. [45

Muskelsystementwicklung, ib. S. 560—564. [46

Nebennierenentwicklung, ib. S. 617—620. [47
Nervensystementwicklung. Mit 11 Holzschnitten im Text, ib. Bd. 6, S. 8—37. [48
Ungebetene Gäste unserer Tafel. Naturwissenschaftl. Wochenschr., Bd. 2, Nr. 12 und 13. (Populärer Aufsatz.) [49
P. G. Unnas Rosaniline und Pararosaniline. Eine bakteriologische Farbenstudie. Münch. med. Wochenschr., Nr. 8, S. 133—134. [50
Der Elementarorganismus. Deutsche Revue, hrsg. von Fleischer, Jahrg. 8, S. 27—37. [51

1889:

Über Methoden zur Erforschung der chemischen Beschaffenheit des Zellkerns. (Histolog.-histochem.) Datum: Biolog. Station Neapel, Juli. [52
Ostrakodenentwicklung. Enzyklopädie d. Naturwissenschaft, Abt. I, Teil 3, Bd. 6, S. 172. [53
Paläontologische Formation, ib. S. 202—222. [54
Perikardiumentwicklung, ib. S. 307—308. [55

1890:

Zur Fixierung, Färbung und Konservierung der zelligen Elemente des Blutes. Zeitschrift f. wissenschaftl. Mikroskopie, Bd. 7, S. 326—332. (Histolog.-histochem.) [56
Über das Blut der acephalen Mollusken. Vortrag, gehalten auf der Versammlung deutscher Naturforscher in Bremen. Verhandlungen Teil 2, S. 131—133. (Histolog.-histochem.) [57
Beiträge zur Histologie des Blutes. Archiv f. mikrosk. Anatomie, Bd. 37, S. 22—99, mit 2 Tafeln (Untersuchungen aus der Station Neapel). Das Blut der acephalen Mollusken: Historischer Überblick, Untersuchungsmaterial und Untersuchungsmethode, Histolog. und histochem. Beschaffenheit, Physikal.-chem. Verhalten der farbigen Zellen, Amöboide Zellen, Allgemeine Bemerkungen über den Formenwechsel von Leukozyten, Bemerkungen über das Gefäßsystem und Richtigstellung früherer Beobachtungen. Zusammenfassung der Ergebnisse). [58

1891:

Plazentaentwicklung. Enzyklopädie der Naturwissenschaften, Abt. I, Teil 3, Bd. 6, S. 398—405. [59
Vortrag über die normale Gestalt und die Gestaltsveränderung der Leukozyten des Blutes von Wirbellosen und Wirbeltieren. Verhandlungen d. 10. internat. med. Kongresses in Berlin (1890), Bd. 2, S. 79—83. [60
Vortrag über Struktur und Plasmoschise der Amöbozyten, gehalten auf der Versammlung der anatomischen Gesellschaft in München. Verhandlungsheft, S. 222—227. [61
Beiträge zur Kenntnis des Blutes. Über die amöboiden Zellen des Blutes und ihre Beteiligung an der Gerinnung desselben. Pflügers

Archiv f. d. ges. Physiologie, Bd. 50, S. 473—550, mit Tafel 4 und 5. (Historischer Überblick, physikalisch-chemische Eigenschaften, Plasmoschise, Wirkung einiger Stoffe auf die Gerinnungsfähigkeit, Beziehung der Zellen zur Gerinnung, Zusammenfassung der Ergebnisse.) [62

Für das humanistische Gymnasium. Bemerkungen über die Vorbildung zum Studium der Medizin und der Naturwissenschaften. Deutsche med. Wochenschr., Nr. 11, S. 400—402. [63

1892:

Respirationorganeentwicklung. Enzyklopädie der Naturwissenschaften, Abt. I, Teil 3, Bd. 7, S. 64—67. [64

Zur Frage nach der Blutgerinnung. Zentralbl. f. d. med. Wissenschaften, Nr. 27, 3 S. [65

Über Plasmastrukturen der Blutkörperchen. Festschrift zum 70. Geburtstag Rudolf Leuckarts, S. 215—227, mit Tafel XXIII. [66

1893:

Riechorganeentwicklung. Enzyklopädie der Naturwissenschaften, Abt. I, Teil 3, Bd. 7, S. 101—102. [67

Ringelwürmerentwicklung, ib. S. 109—110. [68

Rotatorienentwicklung, ib. S. 131—132. [69

Versuche mit chemisch reinem Guajakol. (Mit Ausblicken auf die Tuberkulosebehandlung.) Sitzungsberichte des naturwissenschaftl. Vereins für Schleswig-Holstein, Bd. 8, S. 305—307. (Vortrag in der gemeinnützigen Gesellschaft zu Lübeck.) [70

Über chemisch reines Guajakol und seine Verwertung bei Tuberkulose. Deutsche med. Wochenschr., Nr. 40, 2 S. [71

Bemerkungen über das Guajakol, ib. Nr. 46, 2 S. [72

1894:

Über die Verwendung des Guajakols durch Schuller. Deutsche med. Wochenschr., Nr. 32, 2 S. [73

Einige Gedanken zu E. Du Bois-Reymonds Bemerkungen zu den Grundzügen für die Neugestaltung der medizinischen Prüfungen. Münch. med. Wochenschr., Nr. 10, S. 190—191. [74

1895:

Über Beziehungen zwischen geistiger Ermüdung und Empfindungsvermögen der Haut. Archiv f. Hygiene, Bd. 24, S. 124—212, mit 8 Figuren im Text und 81 Tabellen. [75

Dasselbe mit Zusätzen unter dem Titel: „Energetik und Hygiene des Nervensystems in der Schule." R. Oldenbourgs Verlag, München. [76

1896:

Kritische Bemerkungen zu W. Waldeyers Referat: „Die neuen Ansichten über den Bau und das Wesen der Zellen." Deutsche med. Wochenschr., Nr. 7. [77

Sehorganeentwicklung. Mit 5 Holzschnitten. Enzyklopädie der Naturwissenschaften, Abt. I, Teil 3, Bd. 7, S. 286—300. [78

Stützsubstanzen und Skelettentwicklung, ib. S. 422—429. [79

1897:

Tammann: Tätigkeit der Niere im Lichte des osmotischen Druckes. Naturwissenschaftl. Rundschau, Jahrg. XII, Nr. 6, S. 66 bis 69. [80

Th. Vannod: La fatigue intellectuelle et son influence sur la sensibilité cutanée. Deutsche med. Wochenschr. Nr. 39. [81

Über ein neues Ästhesiometer mit Demonstration desselben auf der 69. Versammlung deutscher Naturforscher und Ärzte in Braunschweig. Verhandlungen Teil III, 2. Hälfte, S. 252—253. [82

Kritische Beurteilung der Methode von Ebbinghaus zur Prüfung geistiger Fähigkeiten bei Schulkindern. Zeitschr. f. Schulgesundheitspflege, Jahrg. X, S. 659—665. [83

Ein neues Ästhesiometer. Deutsche med. Wochenschr., Nr. 30, mit 1 Holzschn. u. Archiv f. d. ges. Physiologie, Bd. 68, S. 65—67 u. franz.: Un nouvel Esthésiomètre. Annales de la Société de Gand. [84

Die pneumatische Schule bis auf Archigenes im Anschluß an Wellmann. Münch. med. Wochenschr. Nr. 18, 2 S. [85

1898:

Über Wesen und Verwendung der Kataphorese. Deutsche med. Wochenschr. Nr. 14, 7 S. [86

Diskussionsbemerkungen zum Vortrage Dahn (Organisation des höheren Schulunterrichtes) und Kraepelin (Messung geistiger Leistungsfähigkeit und Ermüdbarkeit) auf der 70. Versammlung deutscher Naturforscher und Ärzte in Düsseldorf. Verhandlungen, Teil II, 1. Hälfte, S. 214—215 und 221—222, nebst Antrag an den Vorstand, die Regierungen der deutschen Staaten zu veranlassen, jährliche Erhebungen über den Gesundheitszustand von Lehrern und Schülern anzuberaumen. [87

Diskussionsbemerkungen zum Vortrage Kruse (Physische Degeneration und Wehrhaftigkeit europäischer Völker). Verhandlungen, Teil II, 2. Hälfte, S. 399. [88

1899:

Über Schulhygiene im allgemeinen und über den auf der Versammlung in Düsseldorf gestellten Antrag betreffs statistischer Erhebungen über den Gesundheitszustand von Lehrern und Schülern. Verhandlgn. d. 71. Versammlg. deutsch. Naturforscher u. Ärzte in München, Teil II, 1. Hälfte, S. 291. [89

Diskussionsbemerkungen zum Vortrage Herberichs. (Über Schulreform und Unterrichtshygiene), ib. S. 298. [90

Vergleichende Untersuchungen über die Sinnesschärfe Blinder und Sehender. Pflügers Archiv f. d. ges. Physiologie, Bd. 74, S. 577—638 und Bd. 75, S. 365—429, mit 1 Holzschnitt und 89 Tabellen. [91

Hygienische Schulreform. Broschüre von 35 S. Verlag L. Voß, Hamburg. (Davon eine ungarische Übersetzung von Scherer-Lajos.) [92

Verdauungsorganeentwicklung. Enzyklopädie der Naturwissenschaften, Abt. I, Teil 3, Bd. 8, S. 377—382. (Der Artikel ist irrtümlicherweise mit Matschic unterzeichnet.) [93

Audiatur et altera pars. Arch. f. öffentl. Gesundheitspflege f. Elsaß-Lothringen. [93a

1900:

Pagels Einführung in das Studium der Medizin. Kritische Besprechung in der Deutschen med. Wochenschr. Nr. 19. [94

Erwägungen über die juristischen Gutachten in betreff der Zulassung der Realgymnasialabiturienten zum Rechtsstudium. Verlag von Otto Salle, Berlin. VII und 31 Seiten. [95

Physikalisch-chemische Propädeutik unter besonderer Berücksichtigung der medizinischen Wissenschaften und mit historischen und biographischen Angaben. Leipzig, Verlag v. W. Engelmann. Bd. I, 972 S., mit 210 Figuren im Text. [96

1901:

Wasserversorgung und bakteriologisch-chemische Wasseruntersuchung der Stadt Mülhausen i. Els. Ausgeführt im Auftrage des Magistrats. (Druckmanuskr. in den Magistratsakten.) [97

Untersuchungen über die Heizanlagen in den städtischen Schulen i. Els. (Ausgeführt und Druckmanuskript wie oben.) [98

Ein neuer automatischer Feuerlöschapparat für Textilindustrie und Krankenhäuser. Kirchhoffs technische Blätter, Jahrg. I, Nr. 2, S. 8, mit 1 Figur im Text. [99

Begrüßungsansprache in der Sitzung des allgemeinen deutschen Vereins f. Schulgesundheitspflege auf der 72. Versammlg. deutsch. Naturforscher u. Ärzte in Aachen. „Gesunde Jugend“, Jahrg. I, S. 48—51. [100

An die Leser. Worte zur Einführung der „Gesunde Jugend“, ib. S. 1—2. [101

Die Aufgaben der Schulhygiene, ib. Jahrg. I, S. 4—23. [102

Vorschläge zur Gründung eines Zweigvereins des allgemeinen deutschen Vereins für Schulgesundheitspflege in Mülhausen i. Els. und Ausarbeitung einer schulärztlichen Dienstordnung daselbst. (Beilage zu den Magistratsakten.) [103

Begrüßungsansprache auf der II. Jahresversammlung d. allg. d. V. f. Sch. in Wiesbaden. „Gesunde Jugend“, Jahrg. I, S. 103. Diskussionsbemerkungen usw., ib. S. 111—113, 121, 122, 142, 143, 184, 185. [104

Referate usw. schulhygienischen Inhaltes in der Zeitschrift „Gesunde Jugend“:

Baurs Hygiene der Leibesübungen, ib. Jahrg. I, S. 73—74. — Baurs Gesundheit in der Schule, ib. S. 75—76. — Lobedanks Gesundheitspflege der Jugend im schulflichtigen Alter, ib. S. 79—81. — E. v. Lades: Ein Wort zur Schulfrage, ib. S. 245—246. — Hüppes Schrift: Über die Körperübungen in den Schulen und über die Anforderungen des modernen Lebens, ib.

S. 246—248. — Stickers Gesundheit und Erziehung, ib. S. 248—249. — Ribers Scharlach und Schule, ib. S. 249. — Schulhygienische Bibliographie, ib. S. 82—84, S. 250—255.

1902:

Der Stand der Schulhygiene und die Schularztfrage in Elsaß-Lothringen. Archiv f. öffentl. Gesundheitspflege in Elsaß-Lothringen, Bd. 22, Heft 6, S. 166—178. [105

Gesundheit und Schule. Leipzig, Verlag v. Teubner. 32 Seiten. [106

Diskussionsbemerkungen auf der 74. Versammlung deutscher Naturforscher und Ärzte in Karlsbad, Sektion Hygiene bezüglich des Vortrages Levy, Straßburg: Über Aktinomyces, bezüglich des Vortrages Brandeis, Prag: Über Körpererziehung und Volksgesundheit. Verhandlungen II. Teil, 2. Hälfte, S. 617 und 626. [107

Begrüßungsansprache auf der 3. Jahresversammlung des allgemeinen deutschen Vereins für Schulgesundheitspflege in Weimar vom 20. bis 22. Mai. Verhandlungsheft S. 15—16. [108

Diskussions- usw.- bemerkungen, S. 101-102, 106, 174, 176, 178. [109

Referate schulhygienischen Inhalts in der Zeitschrift „Gesunde Jugend“:

Die Schularztfrage auf der 56. Generalversammlung des ärztlich-hygienischen Vereins von Elsaß-Lothr. am 7. XII. 1901, Jahrg. II, S. 98. — Kinderhygiene, Vortrag Encausse, Paris, am 16. XII. 1901 in Mülhausen, Els. – Schulbesuch und Infektionskrankheiten. — Lichtprüfung in Schulräumen, S. 98—101. — Le Jeunes L'enseignement de l'hygiène dans les écoles et les lycées, S. 111—115. — v. Mehrings Lehrbuch der Inneren Medizin, S. 115—120. — Eulenbergs und Bachs Schulgesundheitslehre, S. 120—122. — Von Lades Hygienische Winke, S. 308. – Schulhygien. Bibliographie, S. 122—124 und 331—337. — Auszüge aus Schularztberichten: Straßburg, Prag, Brünn, S. 286—288. — Prophylaktisches u. Hygienisches, H. 5/6, S. 301—307.

1903:

Nachrichten aus dem ärztlich-hygienischen Verein für Elsaß-Lothringen. Straßburger Post vom 8. Dezember, Nr. 1161 u. 1163, u. „Gesunde Jugend“, Jahrg. 3, Heft 5/6, S. 194 bis 201. [110

Der Stand der Schulhygiene in Deutschland. Vortrag, gehalten am 25. September 1903 in der 2. allgemeinen Sitzung der 75. Versammlung deutscher Naturforscher und Ärzte in Kassel. Verhandlungen Teil I, S. 97—144, mit 17 Tabellen und 1 Fragebogen. [111

Kritische Beurteilung von Ehrlichs, Krauses, Mosses und Rosins Enzyklopädie der mikroskopischen Technik mit besonderer Berücksichtigung der Färbelehre. Arch. f. öffentl. Gesundheitspflege in Elsaß-Lothringen, Bd. 22, H. 17, S. 519—522. [112

Begrüßungsansprache an die 4. Jahresversammlung des deutschen Vereins für Schulgesundheitspflege in Bonn. Verhandlg., S. 1 u. 2. Diskussionsbemerkungen, S. 91 bis 92. [113

Referate schulhygienischen Inhaltes in der Zeitschrift „Gesunde Jugend“:

Prophylaktisches und Hygienisches, Jahrg. 3, Heft 1/2, S. 76—78. — Burgerstein und Netolitzkys Handb. d. Schulhygiene, S. 85—90. — Auszüge aus Schularztberichten: Berlin, Brandenburg, Britz, Charlottenburg, Kottbus, Eberswalde, S. 202—222.

Begrüßungsansprache an den I. Congrès d'hygiène scolaire et de Pédagogie physiologique in Paris. Rapports généraux, S. 5–7. [114

Ergebnisse ästhesiometrischer Messungen. Vortrag in der Naturf.-Ges. Basel am 2. März, enthalten in Nr. 124 dieses Verzeichnisses. [115

1904:

Der Stand der Schulhygiene in Deutschland. Leipzig, F.C.W. Vogel. Sonderabdruck aus den Verhandlungen der Gesellschaft deutscher Naturforscher und Ärzte 1903, mit einigen Zusätzen. [116

Karl Alexander Schmid-Monnard: In Memoriam. „Gesunde Jugend", Jahrg. 4, Heft 1/2, S. 1–2, mit Bildnis. [117

Ed. von Lade: In Memoriam, ib. Heft 3/4, S. 1–2, mit Bild. [118

Rede, gehalten bei Eröffnung des I. Internat. Kongresses für Schulhygiene in Nürnberg. Bericht. Verlag von Schrag, Nürnberg 1904. Bd. 1, S. 106–112. Auf den Kongreß bezügliche Mitteilungen ib. S. 220–221. Rede bei Schluß des Kongresses ib. S. 281–283. [119

Diskussionsbemerkungen zu den Vorträgen Altschul, Adsersen, Sakaki, Vannod über Ermüdung auf dem I. internat. Kongreß für Schulhygiene, ib. Bd. 2, S. 331, und zum Vortrag Samosch: Über den Einfluß der Jugendspiele auf die Herztätigkeit, ib. Bd. 3, S. 71. [120

Bericht über den I. internat. Kongreß für Schulhygiene in Nürnberg unter besonderer Berücksichtigung der Kritiken von Suck, Hintner, Sachs und Erismann. „Gesunde Jugend", Jahrg. 4, Heft 3/4, S. 155–240. [121

Bericht über den 1. allgemeinen Tag für deutsche Erziehung in Weimar, ib. S. 140–142. [122

Referate schulhygienischen Inhaltes in der Zeitschrift „Gesunde Jugend":

Hartmanns Vortr.: Die höhere Schule und die Gesundheitspflege, Jahrg. 4 H. 3/4, S. 135—137. — Universal Schreibplatte v. Ohlmer und Feise, mit 2 Holzschnitten, S. 242—243. — A. Baumgarten: Die Neurasthenie, S. 264 bis 265. — Burgerstein: Zur häuslichen Gesundheitspflege der Schuljugend, S. 264—265. — Cohn und Rübenkamp: Wie sollen Bücher und Zeitungen gedruckt werden? S. 266. — Feltgen: Populäre Beiträge zur allgemeinen Gesundheitspflege, S. 266—267. — F. Gotschlich, Reichenbach und Wolpert: Tageslichtmessungen in Schulen, S. 267. — Jessens Zahntafel, S. 267—268. — Patzak: Schule und Schülerkraft, S. 268. — Reißig: Ärztl. Hausbuch f. Gesunde u. Kranke, S. 268. — Salomon: Die Tuberkulose als Volkskrankheit, S. 269. — F. A. Schmidt: Einwirkungen und Erfolge der Leibesübungen bei der Schuljugend, S. 269. — C. H. Stratz: Der Körper des Kindes, S. 270. — Wehmer: Enzyklopädisches Handbuch der Schulhygiene, S. 270. — Auszüge aus Schularztberichten: Eberswalde (Fortsetzung), Forst, Frankfurt a.O., Friedenau, Friedrichshagen, Gr.-Lichterfelde, Grunewald, Lichtenberg, Schöneberg, S. 37—72, Göttingen, Hameln, Hannover, Nienburg/Weser, Osnabrück, S. 247—267.

1905:

Paul Schubert: In Memoriam. „Gesunde Jugend", Jahrg. 5, S. 1–2 mit Bildnis. [123

Begrüßungsansprache an die 6. Jahresversammlung des deutschen Vereins für Schulgesundheitspflege in Stuttgart. Verhandlungsheft, S. 7—11. Diskussionsbemerkungen, S. 33, 92, 97. [123a

Einführung und Ausblicke. Internat. Archiv f. Schulhyg., Bd. 1, Heft 1, S. 1—7. [124

Weitere Untersuchungen über Beziehungen zwischen geistiger Ermüdung und Hautsensibilität. Mit 7 Figuren im Text und 75 Tabellen. Internat. Archiv f. Schulhyg., Bd. 1, Heft 3, S. 317—417. (Enthält auch die in der Sitzung vom 2. März 1904 in der Naturf.-Ges. zu Basel vorgetragenen Ergebnisse ästhesiometrischer Messungen an Studierenden der Baseler Univ.) [125

Internationale Bibliographie der Schulhygiene, ib. Heft 2, S.1—8; Heft 3, S.9—29; Heft 4, S. 31—40; Bd.2, Heft 1/2, S.1—10. [126

Berichtigung und Abwehr, die Stuttgarter Jahresversammlung des deutschen Vereins für Schulgesundheitspflege betr. Zeitschrift f. Schulgesundheitspfl., Jahrg. 18, S. 577—580. [127

1906:

Schule und Gesundheit. Straßburger med. Zeitung, Jahrg. 2, Heft 12, S. 279—282 und „Der Arzt als Erzieher", Heft 1, S. 1—7. [128

Bemerkungen zu der Erwiderung und Abwehr des Herrn Abel in Heft 9 der Zeitschrift für Schulgesundheitspflege, den deutschen Verein für Schulgesundheitspflege betreffend. „Gesunde Jugend", Bd. 5, Heft 5/6, S. 97—104. [129

Diskussionsbemerkungen zur Typhusbekämpfung, zur Bedeutung der Spiel- und Sportplätze für die Volksgesundheit, zur Selbstverwaltung und Hygiene der Städte in der 30. Versammlung des deutschen Vereins f. öffentl. Gesundheitspflege in Mannheim, 13.—15. September 1905. Verhandlungen, Braunschweig, Vieweg & Sohn, 1906, S. 60—62, 97—99, 250—252. [130

Über den Umfang und die ermüdende Wirkung der Schularbeiten. „Woche", Nr. 33, vom 18. August, S. 1409—1415. [131

Über Hausaufgaben. Vortrag auf der 7. Jahresversammlung des deutschen Vereins für Schulgesundheitspflege am 6. und 7. Juni 1906 in Dresden. Verhandlungsheft, S. 81ff., vom 11. Oktober 1906. [132

Die Einführung des schulärztlichen Dienstes. „Woche", Nr. 52, vom 28. Dezember 1906, S. 2256—2258. [133

Diskussionsbemerkungen zum Vortrag Bourquin: La question du surmenage. Auf der 7. Jahresversammlung der schweiz. Ges. f. Schulhyg. in Neuchâtel am 23. und 24. Juni 1906. Jahrb. der gen. Ges., 7. Jahrg., Zürich 1907, S. 86—87. [134

Bemerkungen zu der Versammlung der Freunde des humanistischen Gymnasiums. Nordd.allgem.Zeitg. v. 5.Dez. Nr.284. [135

Referate schulhygienischen Inhaltes in der Zeitschrift „Gesunde Jugend":

Dr. med. C. A. Vlamos in Cesme: Die Schulhygiene: (Neugriechisch) Athen, Sakellarioi, 1904, 1023 Seiten. Ges. Jugend, Jahrg. VI, H. 1, S. 40—41 (mit I. Laskaridi). — A. Mathieu: Pédagogie physiologique, R. Wichmann, Höchstzahl der Unterrichtsstunden in Mädchenschulen. Ges. Jugend, 1906, 5, S. 86—87.

1907:

Diskussionsbemerkungen in der 8. Jahresversammlung des deutschen Vereins für Schulgesundheitspflege am 21. Mai 1907 in Karlsruhe zu den Vorträgen Dornblüth und Horn: Über das Abiturientenexamen. Verhandlungsheft, S. 105—106, 146, 152. Schlußansprache an den Kongreß, ib. S. 164. [136

Begrüßungsansprache an den Kongreß für Jugendspiele in Straßburg. Juli 1907. Jahrb. f. Volks- u. Jugendspiele, 1908, S. 285—286. [137

Diskussionsbemerkungen zu den auf diesem Kongreß gehaltenen Vorträgen von Heinrich-Berlin: Die körperliche und geistige Ertüchtigung der akademischen Jugend durch Leibesübungen und Burgas-Elberfeld: Winterliche Leibesübungen in freier Luft. Vergleiche: Jahrb. f. Volks- u. Jugendspiele, 1908, S. 290. [138

Hygienische Jugenderziehung. „Körper und Geist", 1907, Jahrg. 16, Nr. 11, vom 1. September. [139

Begrüßungsansprache an den II. internat. Kongreß für Schulhygiene in London am 4. August 1907 (wie andere Ansprachen im Bericht nicht abgedruckt). [140

Diskussionsbemerkungen zum Vortrage Altschul über Ermüdung auf dem gen. Kongreß. Transactions-Bd. I, S. 126—127 (die im Inhaltsverzeichnis angegebenen Diskussionsbemerkungen zum Vortrage Meyers S. 177 sind nicht abgedruckt). [141

Beziehungen zwischen Medizin und Pädagogik. Vortrag, gehalten am 8. August 1907 auf dem II. internat. Kongreß für Schulhygiene. London, Transactions: Office; Roy. Sanitary Inst. 1908, Bd. II, S. 401—425, mit 15 Tabellen. [142

Diskussionsbemerkungen zum Vortrage Poetter-Chemnitz und Brugger-Köln über Milchversorgung der Städte in der 31. Versammlung für öffentliche Gesundheitspflege vom 12.—15. September 1906 in Augsburg. Verhandlungsheft, 1907, S. 62—63. [143

Diskussionsbemerkungen in der III. Sektion (Hygiene des Kindesalters und der Schule) auf dem 14. internat. Kongreß für Hygiene und Demographie in Berlin vom 23.—29. September 1907. Kongreßbericht Hirschwald 1908. 1. Vortrag Czerny-Breslau: Zur Frage der Überarbeitung in der Schule, Bd. 1, S. 521. Diskussion, Bd. 4, S. 224 und 225 und Schlußwort nach Verlesung des Vortrages des abwesenden Dr. Mathieu-Paris, Bd. 4, S. 230—231. 2. Sektion IV (Berufshygiene und Fürsorge für die arbeitende Klasse). Vortrag Eisner-Berlin, Roth-Potsdam, Treves-Turin, Imbert-Montpellier: Über Berufsarbeitsermüdung, Bd. 1, S. 573. Diskussion, Bd. 4, S. 265—266. 3. Sektion V (Bekämpfung ansteckender Krankheiten). Vortrag Kirchner-Berlin: Bekämpfung der Tuberkulose, direkt und indirekt, Bd. 2, S. 1027. Diskussion, Bd. 4, S. 430—431. 4. Sektion VIII (Demographie). Vortrag Schwiening-Berlin: Rekrutenstatistik, Bd. 3, S. 1208 Diskussion, Bd. 4, S. 766—767. 5. Dieselbe Sektion. Vortrag Gastpar-

Stuttgart und Öbbecke-Breslau: Schulhygiene und Statistik, Bd. 3, S. 1239 und 1248. Diskussion, Bd. 4, S. 819. [144

Diskussionsbemerkungen zu den Vorträgen über Sexualpädagogik auf dem III. Kongreß der deutschen Gesellschaft zur Bekämpfung der Geschlechtskrankheiten. Mannheim 24.—25. Mai 1907. Verhandlungsheft, Leipzig 1907, Barth, S. 170, 182, 266. [144a

1908:

Bitte an die Schulverwaltungen, Schulärzte u. Schulbehörden des In- u. Ausland. Internat. Archiv f. Schulhyg., Bd. 4, Heft 2/3 (m. Jessen). [145

Bericht über den II. internat. Kongreß für Schulhygiene in London am 4.—9. August 1907, ib. 1908, Bd. 5, Heft 1, S. 26—105. [146

Schulhygienische Fragen auf dem internat. Kongreß für Hygiene und Demographie in Berlin vom 23.—29. September 1907, ib. 1908, Bd. 5, Heft 1, S. 113—135 (mit Selter). [147

Internationale Bibliographie über Schulhygiene. Internat. Archiv. f. Schulgesundheitspflege, 1908, Bd. 4, Heft 2/3, S. 51—72; Heft 4, S. 51—99; Bd. 5, am Schluß S. 1—10. [148

Rudolf Blasius: In memoriam, ib. S. 181. 4 S. [149

Ansprache an den allgemeinen deutschen Verein für Schulgesundheitspflege auf der 9. Versammlung in Darmstadt vom 9.—10. Juni. Verhandlungen, S. 9—10. [150

Diskussionsbemerkungen zu den Vorträgen über Hygiene der höheren Mädchenschulen, ib. S. 58—59. [151

Jahresbericht des genannten Vereins mit kritischen Bemerkungen über die Sektion für Schulhygiene auf dem 14. internat. Kongresse für Hygiene und Demographie in Berlin, S. 99—100. [152

Einheitliche Gestaltung des höheren Unterrichts von physiologischen und hygienischen Gesichtspunkten aus betrachtet. Verhandlungen der 9. Jahresversammlung des allgemeinen deutschen Vereins für Schulgesundheitspflege in Darmstadt, S. 103 bis 301, mit 60 Tab. u. Schlußwort bei der Diskussion, S. 310 bis 313. [153

Kritisches Referat über „Das Kind, seine geistige und körperliche Pflege von der Geburt bis zur Reife". Hrsg. von Ph. Biedert, Stuttgart, Enke 1906. „Gesunde Jugend", Bd. 7, Heft 2, S. 168—173. [154

Rekrutierungsstatistik. Köln. Zeitung vom 14. März, Nr. 277. [155

1910:

Hirnlokalisation und Ermüdung. Pflügers Archiv f. d. ges. Physiologie, Bd. 131, S. 1—69, mit 2 Tabellen [156

M. Kunz: „Del tatto a distanze". Aus dem Italienischen übersetzt in „Eos", Jahrg. 6, Heft 3, 4 Seiten. [157

Über Lederfußböden. Internat. Archiv f. Schulhyg., Bd. 6, Heft 4, S. 453—462. [158

Betrachtungen über die Körperbeschaffenheit der zum einjährig-freiwilligen Dienst berechtigten Wehrpflichtigen Deutschlands, ib. Bd. 6, S. 472—493. [159

Internationaler Kongreß für Schulgesundheitspflege. „Der Tag" vom 18. März 1910. [160

Discours, gehalten bei der Eröffnung des III. internat. Kongresses für Schulhygiene. Paris 2.—7. August. Compt. rend., S. 120—121. Paris, A. Maloine, 1911. [161

Diskussionsbemerkungen im Anschluß an den Vortrag von Pigeaud: Le système d'inspection médicale, ib. S. 172. [162

In Memoriam: Axel Hertel. Internat. Arch. f. Schulhyg., Bd. 7, Nr. 4, S. 1—2, mit Bildnis. [163

Ermüdung, Berufsarbeit und Unfall. Zeitschrift „Die Hygiene", Heft 3, S. 61—64 und Heft 4, S. 101. [164

Der Mangel an Einheitlichkeit im höheren Schulwesen. „Woche", Nr. 33, S. 1367—1371. [165

Die Ordnung der Lehraufgaben im höheren Schulwesen. „Woche", Nr. 35, S. 1471—1476. [166

Zulassung von Mädchen zum Besuche höherer Knabenschulen. Baseler Nationalzeitung vom 8. August. Bremer Nachr. vom 9. August, Lübecksche Nachr. vom 9. August, Generalanzeiger Bielefeld vom 11. August, Generalanzeiger Düsseldorf vom 11. August, Wilhelmshavener Zeitung vom 9. August. [167

In Memoriam: Angelo Mosso. Internat. Archiv f. Schulgesundheitspflege, Bd. 7, Nr. 1, S. 1—2. [168

Zur Hygiene des höheren Unterrichts. Straßburger med. Zeitung Heft 9, 7 Seiten. [169

1912:

National and international School-Hygiene. „The child", London, John Bale & Danielson. Vol. I, Nr. 1. [170

International Study of Child-Welfare, ib., Vol. I, Nr. 2. [171

Child-Welfare and periodical Literature, ib. Vol. II, S. 410 bis 411. [172

Zur internationalen Schulhygiene. Internat. Archiv f. Schulhyg., Bd. 9, Nr. 3/4, S. 153—156 (deutsch und franz.). [173

1915:

Physikalisch-chemische Propädeutik unter besonderer Berücksichtigung der medizinischen Wissenschaften und mit historischen und biographischen Angaben. Bd. II, mit Register zu Bd. I und II. Leipzig, Wilh. Engelmann. Vorwort S. III—IV; Text S. 1—1521, mit 394 Figuren und 62 Tabellen; Register S. 1522—1811. [174

Physiologie und Hygiene der Ernährung in populär-wissenschaftlicher Darstellung und die Beschaffung von Nährwerten im Weltkriege. 109 Seiten, 9 Tabellen, mit 1 Holzschnitt im Text. Verlag von Holze & Pahl, Dresden. [175

1916:

Biophysisch-ästhesiometrische Untersuchungen an Personen mit Verkümmerung der rechten Oberextremität. Zeitschrift f. d. ges. Neurologie und Psychiatrie, Bd. 32, Heft 4/5, S. 405—422, mit 5 Figuren und 1 Röntgenbild. [176

1917:

Sicherung der Ernährung. Straßbg.Neue Zeitg., Nr.125, v.7. Mai. [177
Über den Einfluß der Kriegskost auf die Ernährung, insbesondere der Jugend. Deutsche med. Wochenschr., Nr. 23, 7 S. und Straßburger med. Zeitung, Heft 6, S. 116—120. [178
Was jedermann von der Ernährung wissen muß. 30 Seiten. Verlag von K. J. Trübner, Straßburg. [179
Diskussion zum Vortrag von E. Schlesinger: Über Unterschiede im Wachstum von Kindern und jungen Leuten, gehalten in der Straßburger med. Ges. Straßbg. med. Zeitg., Heft 10/11, S. 172 bis 173. [180

1918:

Diskussion zum Vortrage von Salges: Fürsorge für tuberkulöse Kinder, gehalten in der Straßburger med. Ges. Straßburger med. Zeitung, Jahrg. XV, Heft 2, S. 16—17. [181

1919:

Über Linkshändigkeit. Vortrag, gehalten am 23. Juli 1919 in der Gießener med. Ges. Deutsche med. Wochenschr., Nr. 51, 12 Seiten. [182

1920:

Ernährung. Gießener Anzeiger, Nr. 160, vom 10. Juli. [183
Esperanto und Deutschlands Volkswohl, ib. Nr. 260, vom 4. November. [184

1922:

Zur Reform des medizinischen Studiums und Unterrichts. Med. Klinik, Nr. 15, 9 Seiten. [185
Vorklinisches Studium und die Teilung des Physikums. Münch. med. Wochenschr., Nr. 22, S. 826. [186
Experimentelle Untersuchungen über das Organopräparat „Animasa". Münch. med. Wochenschr., Nr. 49, S. 1696—1698. [187

1923:

Arteriosklerose und Hypertonie unter Berücksichtigung ihrer Beziehungen zur Gewerbehygiene und ihre Bekämpfung auf organotherapeutischem Wege. 56 Seiten. Verlag von Alfred Töpelmann, Gießen. [188

1924:

Zur Ursache der Schwüle. Klin. Wochenschr., Jahrg. II, Nr. 4. [189
Beobachtungen über Blutdruck und dessen Verhalten bei Arbeiten in einigen gewerblichen Betrieben. Archiv f. Hyg., Bd. 94, S. 73—87. (Nach einem Vortrag, gehalten in der Gießener med. Ges. am 13. Novemeber 1923.) [190

1925:

Medizinisches Wörter- und Nachschlagebuch mit biographischen Daten darin genannter Forscher der Vergangenheit und Gegenwart. Verlag von Alfred Töpelmann, Gießen (im Druck). [191

Verlag von Alfred Töpelmann in Gießen

Medizinisches
Wörter- und Nachschlagebuch
mit
biographischen Daten darin genannter Forscher der Vergangenheit und Gegenwart

von

HERMANN GRIESBACH

Dr. med. et phil.
ord. Honorar-Professor in der medizinischen Fakultät der Universität Gießen

Dieses medizinische Wörter- und Nachschlagebuch befindet sich seit langem für meinen Verlag in Vorbereitung und nunmehr auch bereits seit Monaten im Druck. Die Fertigstellung des Buches und zugleich auch seine Ausgabe wird innerhalb der nächsten Monate erfolgen.

Außer wirklichen großen Vorzügen anderen derartigen Wörterbüchern gegenüber, wird es seine ganz besondere Brauchbarkeit für alle diejenigen haben, die ohne Kenntnis der griechischen Sprache Medizin studieren oder studiert haben. Die Zahl der letzteren ist heute schon längst keine geringe mehr und deshalb bietet das Wörterbuch alle vorkommenden griechischen Wörter in deutscher Umschrift.

Das Buch erscheint in kleinerem Format auf Dünndruckpapier und wird einen Umfang von etwa 50 Bogen haben.

Von demselben Verfasser ist 1923 erschienen:

Arteriosklerose und Hypertonie
unter Berücksichtigung ihrer Beziehungen zur Gewerbehygiene und ihrer Bekämpfung auf organotherapeutischem Wege

Großoktav. 56 Seiten. M. 1.—

Verlag von Alfred Töpelmann in Gießen

Abhandlungen aus der
Seuchengeschichte und Seuchenlehre

von

Prof. Dr. med. GEORG STICKER in Würzburg

I. Band: Die Pest

I. Geschichte der Pest. II. Die Pest als Seuche und als Plage.

Lexikonformat. 1036 Seiten. 5 Abb. 12 Kart. 1908—10. M. 30.—

II. Band: Die Cholera

Einheimische Cholera — Kindercholera — Indische Cholera
Epidemiologie und Klinik

Lexikonformat. 596 Seiten. 5 Abb. 1912. M. 15.—

So haben wir denn dank Stickers unheimlichem Wissen und seiner grandiosen Erfahrung ein Werk vor uns, das auf der Höhe der Gegenwart stehend, eine universale Bedeutung besitzt und ein dauerndes Monument in der deutsch-medizinischen Literaturgeschichte bleiben wird.

Pagel (Berlin) i. d. Medizinischen Presse.

Die Bewunderung des Historikers der Seuchen wächst von Seite zu Seite beim Lesen dieses überaus fleißigen, gründlichen und tiefdurchdachten Buches, das die Schärfe klinischer Beobachtung von heute und volle Beherrschung der bakteriologischen Ergebnisse, der gesamten modern-biologischen Mikroorganismenkunde und aller jüngsten ätiologischen Errungenschaften mit dem sorgsamsten Studium der in den Archiven der Seuchen historisch bewahrten dokumentalen Quellen aufs glücklichste vereinigt.

Sudhoff (Leipzig) i. d. Mitteilungen zur Gesch. d. Med. u. d. Naturw.

Gesundheit und Erziehung
Eine Vorschule der Ehe

von GEORG STICKER, Würzburg

2. Auflage. Gebunden M. 5.—

In dem gediegen ausgestatteten Buche lernen wir den bekannten, vielseitigen Kliniker wieder von einer neuen Seite kennen und schätzen, nämlich als einen Popularphilosoph der Medizin oder besser Popularhygieniker, der von Herz zu Herz zu reden versteht. Es ist nicht leicht, für den gebildeten Mann, populär zu schreiben. Hier ist tiefes Denken, überzeugende Kraft der Ausführungen mit edler Sprache und Originalität der Form verknüpft. Stickers Buch zu lesen ist ein Genuß, den wir Allen von Herzen gönnen.

Prof. Dr. J. Pagel (Berlin) in der Deutschen Ärzte-Zeitung.

Verlag von Alfred Töpelmann in Gießen

Zur historischen Biologie der Krankheitserreger

Materialien, Studien und Abhandlungen

gemeinsam mit T. v. GYÖRY und W. HIS herausgegeben von

KARL SUDHOFF und GEORG STICKER

Karl Sudhoff: Historik und Seuchenforschung — **Georg Sticker:** Parasitologie und Loimologie. (1. Heft) . . . . M. —.40

Georg Sticker: Die Bedeutung der Geschichte der Epidemien für die heutige Epidemiologie. (2. Heft) . . . . M. 1.—

Grafton Elliot Smith und Marc Armand Ruffer: Pott'sche Krankheit an einer ägyptischen Mumie. Vorausgeschickt: **Karl Sudhoff: Zur Einführung und Orientierung.** (3. Heft) . . . . M. 1.30

Georg Sticker: Zur historischen Biologie des Erregers der pandemischen Influenza. (4. Heft) . . . . M. —.70

Karl Sudhoff: Mal Franzoso in Italien in der ersten Hälfte des 15. Jahrhunderts. Ein Blatt aus der Geschichte der Syphilis. (5. Heft) . . . . M. 1.80

Tiberius von Györy: Der Morbus Brunogallicus (1577). Ein Beitrag zur Geschichte der Syphilisepidemien. (6. Heft) . . . . M. 1.—

Arnold C. Klebs: Die Variolation im 18. Jahrhundert. Ein historischer Beitrag zur Immunitätsforschung. (7. Heft) . . . . M. 2.—

Über Naturheilkunst

von GEORG STICKER, Würzburg

Geheftet M. 2.40, gebunden M. 3.40

Ungewöhnliche Begabung für den richtigen populären Ton, ein historisch und allgemein literarisch sehr reiches Wissen, aus dem die für die Veranschaulichung dienlichen Beispiele, man möchte sagen, aus dem Ärmel geschüttelt erscheinen, ein glänzender Stil, das sind die Vorzüge des trefflichen Büchleins. Münchener Medizinische Wochenschrift.

Das Problem der ärztlichen Kunst

von Prof. Dr. GEORG HONIGMANN, Gießen

Oktavformat. 52 Seiten. 1922. M. 1.—

Unwiderstehlich macht sich ein Drang in mir geltend, Sie auch unbekannterweise mit meinen Zeilen aufzusuchen, um Ihnen Dank zu sagen für jenen hohen wissenschaftlichen Genuß, den Sie u. a. auch mir mit Ihrem jüngsten Werk, „Das Problem der ärztlichen Kunst" bereitet haben. Es ist das eine der schönsten Studien, die ich überhaupt, und die schönste, die ich in den letzten Jahren gelesen habe. (Aus einem Briefe des Herrn Prof. Dr. T. von Györy, Budapest, an den Verf.)

Das mit großer Allgemein- und Fachbildung und scharfem Urteil geschriebene Buch H's. ist eine ebenso fesselnde, wie unseren Gesichtskreis erweiternde und belehrende Lektüre, die niemand ohne Nutzen lesen wird. Der Schreiber dieser Zeilen hat sie zweimal nacheinander durchgelesen und meint, daß er in seinem Leben sie noch öfters hervornehmen wird.
(Aus der Besprechung eines Prof. der Medizin in einer medizin. Zeitschrift.)

FSC
www.fsc.org
MIX
Papier | Fördert gute Waldnutzung
FSC® C083411

Kolibri 360 GmbH
Ferdinand-Jühlke-Straße 7
99095 Erfurt, Deutschland
produktsicherheit@kolibri360.de